共同的生命线

人类基因组计划的传奇故事

THE COMMON THREAD
SCIENCE, POLITICS, ETHICS AND THE HUMAN GENOME

[英] 约翰·苏尔斯顿（John Sulston）　[英] 乔治娜·费里（Georgina Ferry）著

杨焕明　刘斌　译

中信出版集团 | 北京

图书在版编目（CIP）数据

共同的生命线：人类基因组计划的传奇故事 /（英）约翰·苏尔斯顿，（英）乔治娜·费里著；杨焕明，刘斌译 . -- 北京：中信出版社，2018.12
书名原文：The Common Thread：Science, politics, ethics and the Human Genome
ISBN 978-7-5086-9483-2

I. ①共… II. ①约… ②乔… ③杨… ④刘… III. ①人类基因组计划 - 介绍 IV. ① Q78

中国版本图书馆 CIP 数据核字〔2018〕第 213593 号

共同的生命线——人类基因组计划的传奇故事

著　　者：〔英〕约翰·苏尔斯顿　〔英〕乔治娜·费里
译　　者：杨焕明　刘　斌
出版发行：中信出版集团股份有限公司
　　　　　（北京市朝阳区惠新东街甲 4 号富盛大厦 2 座　邮编　100029）
承 印 者：三河市西华印务有限公司

开　　本：880mm×1230mm　1/32
印　　张：11　　　　　字　　数：236 千字
版　　次：2018 年 12 月第 1 版
印　　次：2018 年 12 月第 1 次印刷
京权图字：01-2010-2418
广告经营许可证：京朝工商广字第 8087 号
书　　号：ISBN 978-7-5086-9483-2
定　　价：68.00 元

谨献给国际人类基因组测序联盟

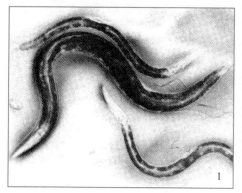

20世纪70年代的分子生物学实验室，悉尼·布雷内追踪线虫（图1）谱系的计划得以实现。我的笔记本上画满了分裂细胞的草图（图2）。鲍勃·霍维茨（图3）和朱迪丝·金布尔（图4）也参与了线虫谱系的工作，并且随后在美国建立了他们自己的实验室。悉尼（图5左）接替马克斯·佩鲁茨（图5右），在1979年成为分子生物学实验室的主任。

弗雷德·桑格发明了双脱氧法 DNA 测序法（图 6）。当弗雷德（图 7 右）于 1983 年退休后，他的助手艾伦·库尔森（图 7 左）加入了我们小组，共同在分子生物学实验室的 6024 号房间（图 8）拥挤的环境中工作，开始绘制线虫的基因组图谱。

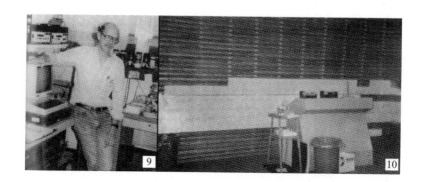

鲍勃·沃特斯顿（图9）从1985年开始和我们合作，从那时起我们就一直共同工作。尽管看起来并不显眼，但我们挂在冷泉港会场的线虫基因组图谱（图10），揭开了大规模国际基因组测序进程的序幕。比尔·桑德森在1990年的《新科学》杂志上画了一幅卡通画来庆祝这一事件（图11）。分子生物学实验室的新主任阿伦·克卢格（图12）全力支持我们的工作。

吉姆·沃森（图13，右，同悉尼·布雷内在一起）是人类基因组计划最初的领导者。1992年，威康信托基金同医学研究委员会一起在辛克斯顿建立了桑格中心，那里的实验室里装满了测序仪（图14），一天24小时昼夜不停地运转，读取人类的DNA序列（图15）。

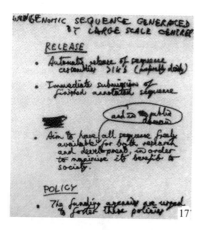

桑格中心由管理委员会（图16）运作，2000年，委员会的成员包括：（前排左起）简·罗杰斯、约翰·苏尔斯顿、戴维·本特利、理查德·德宾、（后排左起）巴特·巴雷尔、默里·凯恩斯、艾伦·库尔森、迈克·斯特拉顿。在百慕大召开的第一次国际战略会议上，这张手写的透明胶片（图17），确立了人类基因组数据免费使用的原则。

克林顿总统，在克雷格·文特尔（图18左）和弗朗西斯·柯林斯（图18右）的陪同下，于2000年6月26日，宣告了人类基因组草图的完成，并宣称那天是"一个划时代的日子"。在伦敦，迈克·德克斯特（图19右）和迈克尔·摩根（图19中）忙着回答问题。托尼·布莱尔（图20）同大家一起分享这一重大时刻。

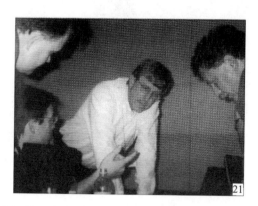

在 2000 年 10 月于费城进行的测序中心峰会上，我们正紧密策划着草图的发表（图 21 从左到右为：理查德·吉布斯、埃文·艾克勒、弗朗西斯·柯林斯、埃里克·兰德）。文章最终于 2001 年 2 月发表（图 22）。2 月 12 日，在华盛顿的新闻发布会上，埃里克·兰德（图 23，右）详细解释了谁做了些什么，以及如何完成的。

在人类基因组项目的未来命运渐趋明朗以后，我于2000年退休，桑格中心的同事们以童话剧的形式，给了我一个完美的告别仪式（图24）。我的继任者是从休斯敦贝勒医学院来的阿伦·布拉德利（图25，右）。

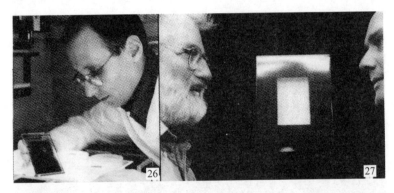

测序仍在进行，但中心已经把注意力转向生物学问题，如迈克·斯特拉顿（图26）关于癌症遗传基础的研究。与此同时，基因组也融入当代的文化中，2001年2月，艺术家马克·奎因（图27，右）在为国家肖像画廊所创的新作当中，使用了他的DNA。

目　录

译者序

在编写《基因组学2016》教科书之际，有幸重拾并再次拜读约翰·苏尔斯顿爵士的这本书。

本书中文版的初次发行已过十载，今日重读，别有一番滋味。不得不说，只有请大家亲自翻开并认真阅读这本并不很厚却饱含作者心血的书，才能让大家更好地回顾和理解"国际人类基因组计划"前前后后的历史和作者事无巨细的辛勤与辛劳，记住这段迄今仍令人心潮澎湃的过往。

本书主要有两部分：第一部分是作者阐述自己是如何由一个天生便对科学充满好奇的学生成长为线虫研究领域的翘楚，因此而获得诺贝尔奖这一殊荣，却在当时转向人类基因组研究的心路历程。自己至少在十多年里已引用上千次，并将之奉为基因组学这一学科的支柱和理念的经典"语录"——"生命是数字的（Life is Digital）！"，即源于本书中的一段原话。我迄今还清楚地记得当时"豁然开朗、拍案叫绝"的那种年轻人才有的激情；第二部分是从科学、社会和伦理等多角度，全面、客观地描述了"国际人类基因组计划"从酝酿、提出、讨论、实施直至最后完成过程中的很多鲜为人知的故事。

有关"国际人类基因组计划"的争论从未停歇过。其中很多交锋，与其说是技术路线方面的，或是学术观点，或是功过归属的争论，还不如坚定地说，首先便是道义和伦理的争论。正是由于作者和他同道的坚持，才有了"共需、共有、共为、共享"为主体的"人类基因组计划精神"，才形成了现在基因组学领域的"行规"——"免费即王道"。对这一点，当时曾众说纷纭，现在仍难有定论。我们可以借由此书，更加密切地关注这一争论的走向。

向大家推荐本书的另一动机是，据我所知，本书是迄今为止唯一一本由美国人之外的当事人撰修的详细描述"国际人类基因组"的著作。我们有幸重新发现其科学和历史价值，这是吾等之幸，亦是本书之幸。

正是出于这样的目的，我们根据当年初译的中文版原稿，对照英文原版做了较大程度的订正。作为科普书籍，送亲赠友，以飨读者。

这本书的发行得到了大家的支持，我们也希望此书没有辱没作者的初衷和心血。

相信本书的读者会从中收益良多。

杨焕明　夏志　王晓玲

2016 年 5 月，于北京

中文版序

这本书能够在中国出版，呈献给所有的中国基因组学研究者，令我们满怀欣喜，并引以为荣。

在此要特别向杨焕明教授及他的同事致敬，他们为国际基因组计划做出了很大的贡献。在人类基因组计划中，他们出色的工作提升了这项计划的国际地位，同时也确保了全人类得以共同拥有这一成果。在水稻全基因组的测序工作中，他们公开了许多对于农作物研究十分关键的数据，并且保证所有的研究者都能使用这些信息。同时我们还要特别感谢刘斌博士对本书做了大量深入细致的翻译和校对工作。

亲爱的读者，我们希望这本书能够吸引你，使你了解到一些关于人类基因组计划的内幕，并且能够让你相信：科学是，或者说应当是为我们所有人的利益服务的。基因组研究表明了全人类都属于同一个大家庭，而全世界的未来则取决于我们大家对这一点的认同程度。

我们在遥远的英国问候中国读者。

约翰·苏尔斯顿　乔吉娜·费里
2003 年 11 月

英文版序

　　这里要讲的故事是关于人类基因组测序这一 20 世纪末令人瞩目的非凡成就的。全世界的知名报刊都曾用头版头条和醒目的标题连篇累牍地以"终结疾病"来报道这个故事。这似乎还不够热闹，当一个竞争者提出挑战并将这个科学的诉求变成一场"竞赛"时，故事就更加吸引人了。

　　为什么还要再讲一遍这个故事呢？因为在我们看来，只有以"局内人"的角度才能够公正地看待过去十几年间故事发展的生动情节，这些情节是如此的错综复杂，以至无法用三言两语或者"竞赛"这个容易让人误解的比喻来概括。笔者约翰作为美国以外最大的基因组测序中心的负责人，以独特的视角，对科学进步过程中政治与人类健康和财富同样关键的观点做出了精妙的评论。

　　20 世纪 80 年代，人类遗传学和分子生物学这两门相对独立的学科携手开始了对人类基因组的探索，而人类基因组序列测定则是最后一道工序。人类遗传学着力于研究遗传特性从而揭示疾病的遗传学机制，而分子生物学则研究组成基因的"原料"——DNA，因为正是这种分子使得生命如此多彩。仅用只有四个字母的字目表，DNA 就可以撰写出以这些字母排序所组成的每一种生命的说明书——基因组。

1990 年，在国际性的公共基金的资助下，人类基因组计划正式启动，主要致力于绘制人类 DNA 分子的图谱及测定它们的序列，并将这些信息无偿提供给科学界使用。人们经常会将"绘制基因组图谱"和"测定基因组序列"混为一谈，其实两者有"规模"上的区别。基因组图谱可以帮助科学家在还不知道基因准确序列（要知道人类基因组的精确序列有 30 多亿个字母）的情况下找到基因，而基因组序列不但是最精确的基因图谱，更重要的是，序列本身包含了非常丰富的生物信息。当全部基因组序列测定完毕时，我们将拥有一本用象形文字书写的揭示生命本质的"天书"，即使目前我们还无法得知书中文字的准确含义。

"天书"解密的过程将十分艰巨，需要穷集所有科学家的辛勤劳动和智慧。因此序列的共享将变得十分关键。没有哪个个人或小组能够令人信服地宣称单靠自己的力量就能够解密"天书"。当 1998 年 5 月成立的塞莱拉（Celera）基因公司以营利者的角色宣称自己将开始同样的工作，并将成为"基因组及相关医学信息的权威数据源"时，整个生物学的前景受到了严峻的挑战。这些本该作为人类共同财富的基本生命信息的共享权将由于某个公司垄断控制的企图而受到威胁。

特别值得称颂的是，那些资助人类基因组计划的公共机构马上商议决定不给塞莱拉公司留下回旋余地，在比原定计划稍微降低准确度和完整性的情况下，争取时间，抢先公布序列数据。于是，在 2000 年 6 月，人们举办了声势浩大的"人类基因组工作框架图"的庆祝活动。虽然人类基因组序列测定的最后完成还需要全球科学家数年时间的共同努力，但从现在开始，世界上任何一个角落的科学家都可以自由地、毫无障碍地无偿访问和使用那些已经完成的序列信息，进行自己的科学探索工作。我们写下本书来告知世人，这个世界险些失去这种自由。

近几十年以来，科学界的主流风气变了。一度是共同事业的科学研究，发明和发现被承认并且成果共享，变得时常为商业竞争所限制。金钱的诱惑，赞助合约的限制，或者仅仅是出于自我防护意识，许多科学家只有在专利法或商业机密的保护下才与其他成员交换各自的发现。另一方面，一些仍然坚持传统的理想化的科学研究风气的人则更加强烈地反对现在的做法。人类基因组计划正是展示了一个科学家及全社会所面临的选择。通过这个故事，我们想要表达科学发现带来的纯粹的惊喜，并且引人深思关于那些掌握了人类秘密的人所肩负的责任。

我们合作写成了这本书，是平等的伙伴关系，但从一开始我们就达成了共识：既然我们写的是约翰的故事，自然应该用他的口吻，即第一人称。故事的主要素材来自约翰的记忆，加上他每天关于这一计划的电子邮件来往记录。我们采访了故事中的许多主要人物，他们的观点对于故事的完整性及印证约翰的记忆起了无法估量的作用。结果便是我们尽力呈上的准确而不加修饰的事件的真实经过。

　　我们感谢以下各位，我们同他们进行了愉快的谈话和通信：巴特·巴雷尔（Bart Barrel）、戴维·本特利（David Bentley）、马丁·博布罗（Martin Bobrow）、悉尼·布雷内（Sydney Brenner）、默里·凯恩斯（Murray Cairns）、弗朗西斯·柯林斯（Francis Collins）、艾伦·库尔森（Alan Coulson）、迈克·德克斯特（Mike Dexter）、戴安娜·邓斯坦（Diana Dunstan）、理查德·德宾（Richard Durbin）、埃里克·格林（Eric Green）、菲尔·格林（Phil Green）、马克·盖耶（Mark Guyer）、鲍勃·霍维茨（Bob Horvitz）、蒂姆·哈伯德（Tim Hubbard）、乔恩·卡恩（Jon Karn）、朱迪丝·金布尔（Judith Kimble）、阿伦·克卢格（Aaron Klug）、埃里克·兰德（Eric Lander）、彼得·利特尔（Peter Little）、迈克尔·摩根（Michael Morgan）、布里奇特·奥格尔维（Bridget Ogilvie）、梅纳德·奥尔森（Maynazrd Olson）、保罗·巴弗里德斯（Paul Pavlidis）、科林·里斯（Colin Reese）、戴·里斯（Dai Rees）、简·罗杰斯（Jane Rogers）、格里·鲁宾（Gerry Rubin）、迈克·斯特拉顿（Mike Stratton）、阿德里安·苏尔斯顿（Adrian Sulston）、英格里德·苏尔斯顿（Ingrid Sulston）、鲍勃·沃特斯顿（Bob Waterston）、詹姆斯·沃森（James Watson）、约翰·怀特（John White）、里克·威尔逊（Rick Wilson）。戴维·本特利、默

共同的生命线——
人类基因组计划的传奇故事

里·凯恩斯、艾伦·库尔森、理查德·德宾、玛德琳·哈维（Madeleine Harvey）、蒂姆·哈伯德、阿伦·克卢格、保罗·巴弗里德斯、唐·鲍威尔（Don Powell）、简·罗杰斯、达芙妮·苏尔斯顿（Daphne Sulston）、英格里德·苏尔斯顿和鲍勃·沃特斯顿阅读了本书的草稿并且提出了宝贵的意见，但是由于我们水平所限，疏漏之处在所难免。

我们还感谢以下机构，它们赞助了英国部分的基因组学研究工作：医学研究委员会（它还提供了使用其档案中的材料的便利）及威康信托基金，两者提供了本书的部分照片，同时还包括美国国家人类基因组研究所。还要感谢以下个人：理查德·萨默斯（Richard Summers）、安妮－玛丽·巴吉特森（Anne-Marie Margetson）、珍妮·怀廷（Jenny WShiting）、桑娅·布朗（Sonya Brown）、安妮特·福（Annette Faux）、克里斯·维特斯特朗（Kris Wetterstrand）和玛吉·巴特利特（Maggie Bartlett）。

非常遗憾的是，由于篇幅所限，我们还省略了许多本应在此提到的人（如果没有他们，我们的故事也就不值一提了）。我们特别要感谢桑格中心的成员及其国际人类基因组测序联盟的合作伙伴们，容忍我，并且使所有这些变为现实。

如果不是以下三人，这本书便不会存在。艾伦·库尔森，他从早期开始就和我合作。鲍勃·沃特斯顿同我合作完成了线虫的测序，成立了两个基因组中心，并推动了共享信息这一理念。鲍勃也参与酝酿并且同我们一起完成了本书的撰写，这本书也是他的故事。达芙妮·苏尔斯顿受基因组测序中的故事所感染，决心把它们真实地记录下来，也促使我们合作完成了这本书。

约翰·苏尔斯顿，乔治娜·费里

2001 年 8 月

引子　心动时刻

"我听到牢狱之门在我身后关闭。"

我和鲍勃·沃特斯顿站在长岛铁路赛奥赛特小站明亮的白色月台上等待着开往纽约市的列车。太阳耀眼刺目。我们刚刚开完了1989年的冷泉港线虫生物学研讨会，正在返家途中。每次参加线虫会议都让我感到为难——离开英格兰春天的温暖旖旎，面对长岛的阴霾寒冷。现在这种感觉没有那么强烈了，但是那种异样的感觉总还在。

线虫会议从1977开始每两年举行一次，今年的与往年比尤显特殊。艾伦·库尔森（Alan Coulson）将我们做的线虫基因组图谱长卷挂在布什演讲厅的后墙上。整整三天时间人们把他团团围住，询问图谱的细节，添加信息，将之带到他们以后两年的线虫生物学研究中——发现每一个基因是何时、何处、以何种方式引导完整线虫的成长。

会议中间，吉姆·沃森[①]（Jim Watson），DNA双螺旋结构的共同发现者和当时的人类基因组计划负责人，浏览了图谱。他评论

[①] 吉姆·沃森即詹姆斯·沃森，吉姆（Jim）为詹姆斯（James）的昵称。——编者注

道："不经过测序，你看得见它吗，看不见吧？"我们的图谱代表了重叠的线虫 DNA 片段，它们顺序排列，间隔以已知 DNA 序列标志。测序则意味着读取线虫的一亿个字母中的每一个或者其遗传密码碱基的每一个。由此可以得到终极的图谱：线虫生长所需要的全部信息。在线虫基因组中找到路径就好比地球仪和一套各个房屋都被标记的街道图。

后来我们坐在吉姆·沃森的办公室里讨论究竟如何才能进行测序。我们达成了协议。鲍勃在圣路易斯的实验室和我在剑桥的实验室在三年时间里要完成线虫基因组 1 亿碱基中的 300 万碱基的测序，以证明我们做得到。事情进展顺利的话，我们将申请基金完成全部测序。

我们做好了打算，却没有想到我们很快就陷入了一场饱受争议的，但最终成功的计划中，这个计划导致了 2000 年 6 月宣布的人类基因组草图的诞生。

在那个 5 月的下午，我们在烈日下等待着开往纽约市的列车的到来，尽头似乎遥不可及。还从未有人测过多于 25 万碱基的序列，更不用说 300 万或者 1 亿碱基的序列了。许多人认为这是浪费时间和资源，但我们已经下定了决心。热闹的线虫会议后的突然寂静，使我猛然意识到：已经没有退路了，我们只能向前进发。牢狱之门关闭的砰响在我耳际回荡。这是我生命中最激动人心的时刻之一。

共同的生命线——
人类基因组计划的传奇故事

第一章

始 于 蠕 虫

如果说在 20 世纪，选择一个脱颖而出的源于自然科学的艺术形象的话，DNA 是最合适的。理由很充分，正如 1953 年 3 月弗朗西斯·克里克（Francis Crick）在苍鹰酒馆（Eagle Pub）中举世闻名的宣告：DNA 分子中蕴藏着生命的奥秘。从众多的描述中人们得知 DNA 是个短粗双螺旋分子，其实这远未展现出它不可思议的其他特征：难以想象的纤细和近乎"无限"的长。我们身体每个细胞中的 DNA 足有两米长，而细胞本身直径也不过以微米计算；如果按比例将 DNA 放大到缝纫线般粗细，则每个细胞的 DNA 将有 200 千米长。

　　DNA 分子可以像棉花的纤维一般捻连成肉眼可见的"丝线"，这种特性使得下面要讲述的一个有趣的实验成为可能。当代艺术家马克·奎因（Marc Quinn），请我协助他于 2000 年在伦敦白色立方体（White Cube）美术馆举办有关 DNA 的展览，我欣然应允。马克以在创作中使用自己的体液为实验材料探求自我概念而闻名，1991 年他曾用 4.5 公斤的冷冻血液浇筑自己的头像。他把自己的一些精液给我，我用去污剂和其他一些化学药品软化精液中精子的坚硬外壳。精子大体上就是由封装好的 DNA 组成的，当其内容物被释放出来后，溶液变得相当黏稠。我们将一小部分黏稠物质转移到一支长玻璃试管中，轻轻地在上面覆盖一层无水乙醇。然后将一根玻璃棒插入试管中，穿过无水乙醇，直达黏稠的胶状物质，轻轻搅动一会儿，再慢慢地把玻璃棒抽出来。玻璃棒上出现了由微细纤维缠绕其上并聚集而成的"丝线"。我们轻轻地用玻璃棒将这些"丝线"拉上来，使其黏附在试管口边缘。当马克将试管放在黑色幕布前面时，我们不禁为其美丽的景象而兴奋得相互拥抱：马克的 DNA——肉眼无法识别的分子交织而成的网，缠绕成一根晶莹剔透的丝线——这就是他生命的奥秘所在。

即使没有装备精良的实验室，你也可以用任何生物活组织为材料来做类似的试验。甚至在厨房里，用洋葱作为组织材料，准备好水、盐和伏特加酒，就可以提取 DNA，并且效果还不错。洋葱的 DNA 看起来与人的 DNA 没什么不同，这很容易理解：从化学的角度来说，它们是同一类分子。DNA 是贯穿任何生命体的最原始的生命线。但是，你的 DNA 决定了你与洋葱不同，也与其他任何人不同。DNA 分子携带着生命编码，编码中记录着一个受精卵发育成人或一颗种子长成洋葱所需的指令。这些编码指令中更加细微的区别决定了不计其数的诸如头发、脸形、体形和性格等的多样性，使得每一个人成为与众不同的个体。每一个指令或基因都只影响整体的一小部分，最终的结果部分也由环境决定。但生命体的整个基因组包含了组合所有信息的能力，这的确令人

共同的生命线——
人类基因组计划的传奇故事

叹为观止。现在正在进行的，试图通过阅读和了解组成人类的一整套指令即人类基因组来挖掘这种能力的计划，是现代科学最重大的事件之一。它将改变人们的生活，是好是坏则要取决于人们怎样运用这些知识。

每个人似乎都明白，整个事件不会像 2000 年 6 月宣布人类基因草图完成那样就此完结。事实上不管人们怎样热烈地期盼，这项工作还远远没有完成。阅读阶段将在 2003 年基本完成，但要完全理解其中的奥秘还需要数十年的努力，并将涵盖生物学的方方面面。能真正了解人类基因组，甚至是洋葱基因组的一代人，将有能力完全了解生命的奥秘。

我从来没有刻意去参加这个错综复杂的人类基因组计划。如果在 10 年前，有人预言我很快将领导一个约 500 人的研究中心，投身于一个大型的国际合作项目，参与媒体上的唇枪舌剑的话，我肯定会大笑不已。我想做的仅仅是读懂线虫的遗传密码而已，并没有企望线虫与人类基因组有什么直接联系。当然，解读线虫的 DNA 是解读包括人类在内的其他物种 DNA 很好的前奏，不过当我们开始解读线虫的基因组时，并没有想到其他物种，我们只是想填补 25 年来对这种微小生命的生物学研究留下的空白。

我第一次接触线虫是在 1969 年，当时我刚刚来到医学研究委员会（Medical Research Council's Laboratory）在剑桥的分子生物学实验室（即广为人知的 LMB），作为悉尼·布雷内（Sydney Brenner）研究组的工作人员，悉尼与细胞生物学实验室的弗朗西斯·克里克共同领导这个小组。在体形上他俩形成鲜明的对比：弗朗西斯身材高大，一头浅棕色的头发；而悉尼个头矮，肤色黑，浓眉下有一双深邃、明察秋毫的眼睛，但两个人都很健谈。悉尼出生在南非，在那里长大并接受高等教育，于1952年到牛津大学学习研究生课程，并获得医学学位，然而他却选择了有关基因方面的生物学研究。他研究噬菌体（一种侵袭细菌的病毒。对噬菌体和细菌遗传学的研究，奠定了现代分子生物学的基础），并且很快在研究噬菌体遗传学的全球科学家中建立了自己的知名度。

当1953年弗朗西斯·克里克和吉姆·沃森发现DNA的双螺旋结构时，悉尼是首批访问剑桥大学聆听这一重大发现的科学家之一。1957年，他搬到剑桥大学，从此定居下来，和弗朗西斯一起破译遗传密码，揭示细胞如何利用遗传密码合成蛋白质，从而满足生命过程的需要。到20世纪60年代中期，悉尼认为揭示基因如何指导蛋白质合成的工作已经基本完成，准备开展下一个阶段的研究。他雄心勃勃的计划是揭示DNA如何为动物编码。很自然，他打算从简单动物开始着手，于是选中了线虫。"我们计划鉴别线虫中的每一个细胞并追踪其谱系"，他在申请经费支持的计划书中写道："我们还应该研究其生长发育的稳定性，并通过突变个体研究其遗传调控机制。"悉尼后来回忆说，当时有人觉得他是异想天开。"吉姆·沃森当时说他不会给我一分钱去研究这些事，"悉尼说，"他说我超前了20年。"

为什么悉尼会选择线虫作为研究对象呢？这得从生物学研究

共同的生命线——
人类基因组计划的传奇故事

中，通过对简单生物的研究来揭示所有生命本质的传统说起。在悉尼着手进行他的项目的年代，绝大多数遗传学家以细菌或果蝇为研究对象，但这两个物种都不符合悉尼的要求。细菌是单细胞生物，而在悉尼计划中的一个主要研究内容是探索在多细胞生物中，基因是如何控制动物从一个受精卵成功地分化发育为成熟个体的。至于果蝇，从另一个方面讲，由于它的复眼、翅膀、有关节的腿和精巧的行为模式等过于复杂多变，不适合悉尼想要进行的详尽的分析。线虫，或者蛔虫，虽然不如上述两个物种那样被深入研究过，但在生物学方面人们对其并不是一无所知。它们构成了庞大的家族，包括寄生的和独立生活的（非寄生）个体。让悉尼感兴趣的是一种在泥土中自由生活的品种：秀丽线虫（*Caenorhabditis elegans*，或 *C. elegans*）。长长的名字代表着一个全长不过一毫米的微小生物。

在野生条件下，秀丽线虫生活在泥土中，贪婪地以能找到的任何细菌和其他微生物为食。在食物充足的情况下，它们从受精卵发育为成虫只需要三天的时间（只是果蝇的1/3）；如果食物缺乏，它们可以在不需要进食的情况下保持幼虫状态若干个月。许多成虫是雌雄同体的，可通过自我受精的方式产生数百个后代。雄性个体偶尔也会出现，频率大概是几百分之一，它们的交配能够提高遗传信息混合的机会，使得进化步伐加快。它们的解剖结构非常简单，虽然没有像高等动物一样的心、肺和骨骼等生理结构，但它们仍然能够完成许多基本生理活动，如移动、进食、繁殖、感觉环境变化等。简单地说，它们是由内外嵌套的两个"管子"组成的：外面的"管子"包括皮肤、肌肉、排泄系统和大部分的神经系统；内部的"管子"是内脏。它们依靠腹背肌肉的交替收缩，把身体弓成一系列类似"S"形的曲线移动。

这种线虫是悉尼心目中最适合的一种研究对象。它们在实验室中很容易喂养，可以在涂满大肠杆菌群落的培养皿中快乐地生活。也可以使它们在冷冻条件下进入"假死"状态保存多年，这样就可以将这种生物的不同品种保存起来。幼虫和成虫都是透明的，因此，只要显微镜足够好，科学家们不但可以看清虫体内部的器官，甚至可以看到单个细胞。雌雄同体的成虫通常有959个细胞——不包括卵细胞和精子（相比之下，果蝇单单一只眼睛的细胞数量就远远超过这个数目，而人体的细胞数量将近100万亿个）。它们的基因组有6条染色体，共有大约1亿个碱基。

悉尼希望自己能够按照从20世纪初开始沿用的传统遗传学研究路线，建立起线虫从受精卵发育至成熟的过程与基因之间的直接联系。在快速繁殖的物种中，如线虫和果蝇，DNA会偶然出现变化，从而导致这些动物在外观和行为上的异常。这些变化被称为突变，被影响的动物个体叫作突变体。遗传学家们很快就找到了能够增加突变频率的一系列方法。在20世纪60年代，还没有办法直接分析DNA，但是通过交叉培育突变个体并观察后代遗传性状的模式，人们就可以描绘出发生了突变的基因在染色体上的相对位置。两个突变基因在同一条染色体上靠得越近，它们同时被遗传到下一代的可能性越大。除了描绘基因位置图外，悉尼还希望，通过精细的显微观察和生物化学研究，在细胞水平上精确地揭示出突变体中的异常生命活动。

起初，在一帮以美国人为主的年轻研究人员的协助下，悉尼非常成功地找到了线虫的突变个体，并将相关基因定位在染色体上，同时有效地挫败了持怀疑态度的人的论调——"线虫无论在形态上还是行为上都如此的枯燥，以至无法将突变个体区分开来"。但整个计划的进度还是比悉尼预计的长了许多。基因差不多总是协同作用，那种一个基因一种功能的情形极为少见。尽管如此，整个项目还是向着比悉尼所能预计的广大得多的领域开展起来，直觉将他引领到一个具有巨大研究潜力的动物面前。

就像悉尼典型的做事风格——其实可以说是整个分子生物学实验室的风格，报到时我被安排在一个拥挤的实验室中长条实验台上大约一米左右的空间里。悉尼和弗朗西斯相信，安排紧凑的实验室能够促进大家相互交流，而"办公桌鼓励浪费时间的活动"。我发现自己处在一群年轻研究者中间，令人吃惊的是我们拿着报酬干着自己想干的事，同时非常清楚，如果失败，除了内疚与自责外，没有人会来责备我们。我和另外一个新来的人交换了意见，发现他与我一样感觉到了实验室中近乎傲慢的自豪感。"这些人真不知道天高地厚！"我记得他如此说道。但渐渐地我意识到他们的确有自豪的资格，并且随着时间的推移，我们也渐渐获得了某种自豪感，虽然我很清楚自己如何努力都很难超越分子生物学实验室过去的辉煌。

　　这个实验室从那时到现在一直是世界顶尖的研究生命分子基础的中心之一，它比任何其他地方更有资格被称为分子生物学的发祥地。毫无疑问，它独特的风气在我成长为科学家的过程中起了重要作用。在第二次世界大战后的若干年中，它非常幸运地脱颖而出。大学里的许多科学家从事与战争相关的研究，其成果也是惊人的：雷达、高性能计算机、抗生素和核技术等都能追溯到战争时代开展的研究。当时的政府开始认识到投资于科学研究将会带来长期的回报。直到 20 世纪 30 年代末，如果不在大学中任教或有私人收入来源，就几乎没有机会在英国进行科学研究。但 10 年过后，来自政府资金支持的机构，如医学研究委员会或科学工业研究部（Department for Scientific and Industrial Research）的慷慨资助突然变得容易获得。这种慷慨资助与生物学发展史上一段激动人心的时期相吻合——越来越多的人开始将物理和化学的方法应用到解决生物学问题上来。

　　物理学家劳伦斯·布拉格（Lawrence Bragg）是剑桥大学物理系卡文迪许（Cavendish）实验室的负责人。还是一个年轻人时，布拉格就曾倡导用 X 射线晶体衍射技术来分析分子，包括生物大分子中原子的三维空间排列结构。在他的工作人员中，有一位细心而文静的、名为马克斯·佩鲁茨（Max Perutz）的来自维也纳的化学家。佩鲁茨与另一位年轻的化学家同事约翰·肯德鲁（John Kendrew）一起，努力破译血液中的一种蛋白——血红蛋白的结构。X 射线晶体衍射技术对于小分子十分有效，但是由于蛋白质分子包含了成千上万个原子，因此进程十分缓慢。布拉格，这个在英国科学界极有影响力的人物，非常热情地支持佩鲁茨的工作。在 1947 年 5 月，他在写给医学研究委员会秘书长的信中请求为"在更为持久的基础上"成立佩鲁茨小组而提供经费支持。数月内，医学研究委员会同意为由佩鲁茨负责的研究生物系统分子结构的小组提供资助。

这个小组——后来取了一个略带时髦的名字："分子生物学研究组"，基本上只有佩鲁茨和肯德鲁两个人。很快，弗朗西斯·克里克和休·赫克斯利（Hugh Huxley）这两个服役多年又返回学术生涯的物理学家作为研究生加入他们的研究小组中。两年后，美国神童，22 岁的遗传学家吉姆·沃森的加入，带来了整个研究领域的美好前景。佩鲁茨说，正是沃森使得他们体会到，仅靠物理和化学无法找到所有的答案。

> 沃森的加入给我们带来了触电般的影响，他使得我们从遗传学的角度来看问题。他关心的不仅仅是"生命物质的原子结构是什么"，更重要的是"决定生命现象的基因结构是怎样的"。

弗朗西斯马上意识到 DNA 才应该是着重研究的物质，而非蛋白质。那时人们已经开始将基因与 DNA 联系到一起。弗朗西斯和吉姆很少亲自动手做实验，但他们阅读、讨论、争论、建立模型，同时借助于伦敦帝国大学的罗莎琳德·富兰克林（Rosalind Franklin）拍摄的DNAX射线衍射图谱[沃森在罗莎琳德的同事莫里斯·威尔金斯（Maurice Wilkins）那里看到了此图谱]，正确地推断出DNA分子的双螺旋结构，并将结果发表在1953年的《自然》（Nature）杂志上。当时我是一个11岁的小学生，但我记得那些年是如此的令人激动，因为许多生命现象的本质由此被揭示。

DNA是由许多被称为核苷酸的小单位串联成链状而形成的细长条分子；每一种核苷酸带有腺嘌呤（A）、鸟嘌呤（G）、胞嘧啶（C）或胸腺嘧啶（T）这四种碱基中的一种。沃森和克里克推测DNA的两条链依靠A、T配对和C、G配对而缠绕成双螺旋结构。他们意识到这种碱基配对昭示了DNA复制的机制——地球上生物得以进化的基本条件。沃森和克里克特意采用一种漫不经心的口吻来结束他们那篇约1 200个单词的论文，这句话已经成为科学界的名言："我们注意到这种特殊的碱基配对方式暗示了遗传物质的一种可能的复制机制。"换句话说，如果你有一条DNA链和足够的四种核苷酸，就可以得到另一条链，然后由此链得到第一条链的另一拷贝，以此类推。

一个月后，沃森和克里克紧接着又发表了一篇论文，清楚地说明了一个由他们的发现推导出来的重要推论：在一个细长的分子中，可能存在许多不同的排列，因此，碱基的精确序列似乎很有可能是携带了遗传信息的密码。不错，基于对这个结论的理解，生物学研究发生了深刻的变革。这是自从了解 DNA 结构以来真正不同寻常的收获，不仅仅是螺旋结构本身，而且确认了代代相传的构建生命的指令系统是"数字化"的——像英语，而全然不是"模拟的"——如蓝图。懂英语的人会用三个字母的英语单词"CAT"来表达一个长着胡须、发出喵喵声音、披着皮毛的动物，这个单词代表"猫"，所有会英语的人都知道。另一方面，图纸则给出了猫的图像化表述。猫的 DNA 像字母表拼写英语单词那样，将所有基因（"构建"一只猫的指令）"拼写"出来。DNA 没有给出任何关于猫的图像化表示，不像早期的显微镜观察者号称的可以看到有许多小矮人蜷曲在精子的头部那样。

人类基因组 DNA 中的大约 30 亿对碱基，蜷曲成 24 条染色体。这些染色体被编成 1~22 号，再加上 X 性染色体和 Y 性染色体。人体中每一个细胞（卵细胞、精子和血液中的红细胞除外）的细胞核内都有两套染色体，分别从父母处继承而来：成对的 1~22 号染色体加上一条 X 性染色体和一条 Y 性染色体是男性，两条 X 性染色体则是女性。如果你将 DNA 链放大到缝纫线般粗细，人类染色体平均长度的 DNA 分子可以缠绕在一个 4 千米长的线轴上。

人们常说的人类基因组序列，指的是人体内 24 条染色体中每一条染色体的双链 DNA 中一条单链的碱基顺序。至于到底是双链中哪一条并不重要，因为按照碱基配对原则，根据一条链的碱基顺序马上就能得出另一条链的碱基顺序。DNA 的化学结构使得每一条链都是有方向的（就像箭头一样），正如弗朗西斯和吉姆发现的那样，两条链是反方向组成双螺旋结构的。一段段的碱基序列，分布于整个基因组上，时而在一条链上，时而在另一条链上，乍一看这些相互交错的序列段似乎并没有什么不同，这就是基因。我将会在后文中详细介绍基因起作用的方式。绝大多数情况下，它们指导各个细胞合成蛋白质——由被称为氨基酸的小分子组成的长链分子。

几乎在吉姆和弗朗西斯发现 DNA 结构的同时，剑桥大学的生物化学家弗雷德·桑格（Fred Sanger）首次揭示了胰岛素这种蛋白质的氨基酸顺序。弗雷德是一位斯文、谦逊、沉默寡言的科学家，具有解决令人挠头的实际问题的超人能力。毋庸置疑，他在胰岛素方面的研究证明了蛋白质合成不是根据简单的化学规律，而是由基因中的一套编码指令指导的。那时，弗雷德在剑桥大学生物化学系工作，虽然不是马克斯·佩鲁茨小组的成员，但是医学研究委员会也将他视为小组的编外人员给予经费资助。到 20 世纪 50 年代末，佩鲁茨和肯德鲁完成了一个看似不可能的壮举：识别出血红蛋白和比其小一点的"近亲"肌球蛋白的三维结构——蛋白链极其复杂地折叠的结构，这是蛋白质结构第一次被揭示。

对医学研究委员会来说，对分子生物学的资助显然获得了巨大的胜利。越来越多的人希望加入佩鲁茨的研究小组，卡文迪许实验室明显容纳不下这么大规模的研究组了。于是在 1962 年研究理事会将位于剑桥南部艾登布鲁克（Addenbrooke）医院旁边的一栋刚启用的六层大楼开放给研究组，称为医学研究委员会分子生物学实验室，佩鲁茨为第一任主任。约翰·肯德鲁、弗郎西斯·克里克和悉尼·布雷内仍然留在那儿，弗雷德·桑格从生物化学系调任主持蛋白质化学实验室。来自世界各地的短期研究人员与著名访问学者形成了相对固定的长期流动研究力量。更多的科学发现相继问世，其中之一就是对我们将要讲述的故事非常重要的弗雷德·桑格在1975年发明的读取DNA序列的方法。前前后后共有9位诺贝尔奖得主用他们在分子生物学实验室或继续前人的工作铺就了前往斯德哥尔摩的道路。

最重要的一点是，医学研究委员会做好了支持长期科研项目的准备。马克斯·佩鲁茨用了23年解决血红蛋白的结构（这不包括战时的几年，起初他被当作敌侨扣留，而后被释放从事与战争相关的研究），许多化学家和生物学家预言他在浪费时间。当他开始这项工作时，血红蛋白本身是否有稳定的结构还不得而知。然而劳伦斯·布拉格支持他，因为虽然他认为佩鲁茨的项目或许会失败，但是一旦这个项目成功，将会获得非常重要的成果。这是分子生物学实验室的传统：只要你开展的项目足够重要，即使连你自己也不清楚如何开展这个项目，也不会被视为有勇无谋。过去不需要，现在也不需要预先去证明为何要这样做；你会得到时间和一定量（当然有限额）的空间和资源去开展研究。

在分子生物学实验室全盛时期，其风气中很重要的一点是，各项科研工作都是在没有任何隐秘的动机、财政或其他压力下完成的。的确，DNA结构的发现开创了生物技术领域研究的新天地，但这并非吉姆和弗朗西斯的初衷。弗朗西斯在 1967 年阅读吉姆关于这个科学发现的正式说明《双螺旋》(*The Double Helix*) 的草稿时，发现他暗示读者说自己的眼睛一直盯着诺贝尔奖，于是就给吉姆发送了谴责性快递信件："最主要的动机是为了理解科学本质。"

这里是一个适合我工作的完美环境。我不想找一个传统的学院职位，在大学里像杂耍似的奔波于教育、研究和管理之间。我非常幸运地走到了这一步，因为之前我的科学生涯一直是漂泊不定的。我没有特别的雄心，仅仅是根据朋友和同事的建议从一件事转移到了另一件事。

高中和大学的科学学习只不过是孩提时兴趣的延续。从小时候开始，我身边就堆满了积木那样的组合玩具和各种电动玩具——我对电筒直是着了迷。我曾经自己动手组装收音机，还曾把从商店中搜罗来的一台破旧电视机修好，不过只有在黑暗的屋子里才能看到节目。我在鱼缸里养池塘中的小生物，用叔叔送我的旧显微镜观察水螅(*Hydra*)的疯狂倒立。远在正式开始上生物课前，我就解剖过一只捡来的死鸟，由此发现原来生物也是一样奇妙与精确。我被深深吸引了。

我的父亲，一个英格兰教堂任命的牧师，对于同自然界有关的事情也非常感兴趣。我的母亲——一名英文教师，是个非常实际的人，她非常喜欢解答我和姐姐玛德琳(Madeleine)提出的问题，我们常常讨论。我们并不特别富有，尽管父亲的收入比一个

共同的生命线——
人类基因组计划的传奇故事

教区牧师高些（因为他是福音传教会的秘书）。他自己从来没有成为传教士，他是在埃及做了随军牧师之后才加入这个团体的，从此以后一直做行政工作。

对我而言，青春期不仅意味着性别上的冲击，还有随年龄增长而产生的对于基督教的质疑。我是在教堂里长大的，从小就是基督教的忠实信徒，但是从我十几岁的时候开始对它产生怀疑。我的科学研究当时已不仅仅限于搭积木。我还记得当我发现思维可以扩展，可以理解大至行星运动小至蚂蚱一条腿的力量的研究时，那种兴奋喜悦的心情。我觉得许多科学家都会有这样的感受：人的思维具有巨大的力量。这使你不得不对着基于虔诚信条的信仰慨叹："对不起，这不符合标准。"当然，仅仅靠观察和推论并不足以否定上帝的存在——因为有许多科学家也是基督教的信徒，这只是一个生存的策略的问题，就我自己而言，宗教没有什么实际意义。

对于人类社会的看法我与父亲也有很大的分歧。他的思想中还带有传统的等级观念，这令我很不理解，因为在我看来人类的本质就是人人平等。尽管我不认可父亲的宗教信仰和等级制度思想，但他对于我的个人生活态度影响还是很大：我是在他对于物质财富的冷淡和对于追求利益的人们的鄙夷中长大的。对父亲生活标准的崇拜之情也正是我汇集科学信息，并与大家共同分享的观点的来源。

作为一个 20 世纪 50 年代的中产阶级家庭的男孩，我接受了所有的常规教育。后来我被送到一个地方私立学校上预科，在那里我获得了去伦敦麦彻特泰勒学院（Merchant Taylor）的奖学金。这所学校始建于16世纪，主要由坐落在体育场周围的、雄伟的20世纪30年代的砖瓦建筑构成，我们就住在伦敦郊区附近的里克曼斯沃斯（Rickmansworth）。这个地方为我们这些学子提供了一个非常传统的环境，让我很自然地沉浸在科学的长河中，并期待着有一天能到剑桥去学习，在那里拿到自然科学的一个学位。

1960年进入剑桥读大学本科的时候，我对生物的兴趣依然很浓厚。我喜欢神经生理学这个专业（因为在这个专业中生物和电学融为一体）。但是，也许是因为我的期望太高，也许是因为学校的教学安排，我最终没能实现攻读神经生理学专业的愿望，而选择了有机化学专业——这个专业教学质量很高。我一直在努力说服自己有机化学是生物学的最基础学科——我的想法是正确的：它能告诉你什么是分子，它们是怎样运动的，而且实际上生物学可以看作是化学的一个分支。

有一点必须承认：我并不是一个很出色的学生。我很早就开始在业余戏剧协会（Amateur Dramatic Club）做剧场灯光工作，学院主任一直反对这件事，因为他认为参与剧场工作的学生考试一定会不及格。而我恰恰在第二学年的考试中表现得很糟糕。虽然在剑桥这算不了什么，但是这让我意识到如果不努力的话，我很可能会在最后的考核中失败。于是在最后一学年，我退出了剧团的主要剧目，这样就难免会得罪剧团的朋友们。我明白现在必须潜下心来集中精力学习。为了不在考试中再次失败，我制定了一个严格的时间表，每天都坚持实行，一直到期末考试。但是这对我的确是个巨大的折磨：我实在不喜欢。我尽全力争取到了2∶1——就是中上，不过也就刚刚够上。

我从来没有打算读博士。我很清楚对于这种课堂学习自己既没有天分也没有兴趣，因此报名参加了海外志愿服务组织（VSO, Voluntary Service Overseas）。但是我恰巧通过了考试，于是VSO计划泡汤了。我徘徊在去化学实验室的路上，多少有些心灰意懒，不过还是申请成为一名研究生。当时正值20世纪60年代大学扩招的时候，入学条件相对宽松，因此我以一个二等生的成绩顺利进入研究院，如果是现在，这绝对不可能。

开始我在科林·里斯（Colin Reese）的指导下学习，他是一个教龄仅有4年的年轻讲师，他的研究方向是核苷酸——组成DNA和RNA的基本构件。RNA是携带DNA编码指令的另外一种核酸物质，处于细胞核之外，它的主要作用是作为蛋白质合成的模板。科林的研究兴趣是使用化学的方法按照预先安排好的顺序将核苷酸连在一起，从而人工合成核酸物质。包括基因组测序在内的许多生物学前沿领域的研究都依靠这种人工合成DNA和少量RNA的方法。但是科林对它的研究主要是出于科学兴趣。在他的影响下，我没有过多考虑将要面临的化学上的重大问题就决定要做，没过几周我就完全被迷住了。这种感受就好像我又回到了堆满玩具的家中一样。每天都有新问题要解决，而找到解决方法总令我兴奋不已。我做自己感兴趣的事情，并且经常以不同于常规的方式解决，所以难免会有些磕磕绊绊。在此过程中我了解到了很多东西：质谱分光光度计、核磁共振，所有我作为研究生能弄到的大的新"玩具"。我合成了不少新的复合物，名字也频频出现在多篇论文上。论文都是科林写的，这些与我关系不大，我只是一个技术员，但我在其中得到了许多乐趣，学到了许多关于化学的知识，而且最后也拿到了博士学位。

在我考虑下一步该做什么之前这个问题或多或少已得到了解决。科林认识一个名叫莱斯利·奥格尔（Leslie Orgel）的人，他曾经是剑桥的化学家，最近刚到美国加利福尼亚州拉霍亚的索尔克研究所（Salk Institute）。莱斯利起初在牛津做理论化学家，之后到剑桥加入了佩鲁茨的分子生物学研究队伍，这个领域对他来讲是一个全新的方向。现在他在从事应用有机化学的研究工作，目的是发现生命在远古时代的起源机制。他在索尔克研究所建立了自己的研究队伍，并让科林给他推荐合适的人选，于是科林就将我介绍给他。莱斯利了解科林的学生都经过严格训练，并且具有很强的解决问题的能力。我是第二个被介绍到那儿的博士生，在莱斯利实验室我过得很快乐，因为在那里我受到了极大的重视，另外我们还进行着伟大而有趣的科学研究。

1966年是我非同寻常的一年。在这一年中，我不仅获得了博士学位，在加利福尼亚找到了工作，还结了婚。在读研究生的第二年，我遇到了达芙妮·贝特（Daphne Bate），当时她是地球物理系的研究助理，经常和一个朋友一起到同事（与我合租公寓）处聚餐，那一年我和达芙妮并没有特别注意对方，但是一段时间之后，我们就渴望在一起了。仅仅几个月之内，我们就面临着下一步要解决的问题。难道达芙妮要放弃她的工作而跟随我到加利福尼亚去吗？如果这样的话，我们应该结婚吗？但是有一点很明确：如果我们没结婚就去美国，会令双方父母不安。经过长久的讨论，我们最终在那年夏末举行了婚礼，就在将要离开前不久。

刚刚到达加利福尼亚，达芙妮就怀孕了，这非常不合时宜，完全出乎意料。我们预料到生活将会很窘迫，因为美国的医疗费用很高昂，尽管工作附带有医疗保险，但并不承担妇女在怀孕和分娩阶段的费用。不过事情总是有转机的，我的博士后收入可以负担我们的简单生活。我没有像其他的博士后那样住在拉霍亚校区附近的公寓里，而是在德尔玛海滩附近并不繁华的地带租了一间小木屋。我们在屋子后边的花园中种蔬菜，也省下了足够的钱支付医疗费。女儿英格里德（Ingrid）出生后，我们继续在那间木屋中过着幸福的生活。我们买了一辆旧皮卡（客货两用车），经常将婴儿车放到后面开车去海滩。有时，我会沿着海边徒步8公里到实验室，海边是那样的纯净和美丽。假日，我们驾驶大众甲壳虫游览了从加拿大到墨西哥尤卡坦的所有国家公园，那辆甲壳虫是我们发现原来的皮卡不适合长途旅行时决定买下的。

有时我将自己形容成一个20世纪60年代的孩子，这就是一些记者称我为"前嬉皮士"（ex-hippy）的原因。但是我60年代的经历完全不是那样——没有摇滚音乐会，也没有辍过学。那时生活并不奢侈但我们自力更生，十分自得其乐。工作虽然紧张，但并非朝九晚五的平淡工作，我始终觉得感受生活要比金钱重要得多。所有这些都是建立在当时英国对公共服务大量投资而带来社会安定的基础之上的。我很遗憾，如今我们好像在这方面失去了很多宝贵的传统，而生活在那种物质生活丰富，精神生活却极其匮乏的社会里。

我在莱斯利·奥格尔的实验室待了两年半，这段时期对我来讲是一个不同于以往、令人兴奋和大大开阔视野的时期。在这里我第一次真正明白了什么是进化论——部分原因是我必须给其他人讲解环境和遗传上的随机事件是怎样使那些适合自身生活方式的生物得以进化的，生物究竟是怎样从无生命的物质逐渐进化而成的，进化的唯一途径就是复制和遗传变异。也就是说，进化中的生物必须能够复制自身，并且不能很完美，而其中的变异又必须可以遗传给后代。当把晶体放在其饱和盐溶液中时，晶体本身也可以进行复制，但是不能进化，这是因为在此过程中没有可以遗传的变异产生。

进化的开始和生命的起源是同一个问题。一旦一个物种存在带有变异的复制，就可以一点一滴地适应周围的环境。适应能力强的后代会淘汰弱者：这个过程被达尔文称为自然选择。莱斯利交给我的研究课题是他长期以来一直在做的，关于在没有高等进化酶的条件下，早期的核苷酸如何复制。我的进展不大，但也获

共同的生命线——
人类基因组计划的传奇故事

得了一些结果，并写了文章。从此以后，整个实验室就忙于寻找核苷酸的类似物——那些物质可能是在原始的地球上生成的，并且研究这种物质是否能更加简便地进行复制。

对我来讲，再度选择的时候终于到了。我面临两个选择：一是留在索尔克，索尔克正要创建一个介于课题组长和博士后之间的中间梯队，莱斯利建议我加入；同时，弗朗西斯·克里克（当时他是索尔克的访问学者）给我写信说他和悉尼·布雷内正在招募人员，以扩充剑桥分子生物学实验室的细胞生物学中心。我还记得当时弗朗西斯面试我的情景。那并不是我们的第一次会面，因为他经常到我们的实验室参观，我们总是坐在实验室的长凳上，谈论正在做的事情。所以我并没有将这次面试视为一个正式的工作面试，我觉得他也没有那样。但是后来我听说弗朗西斯已经写信给科林·里斯要求他的推荐信，然后悉尼就邀请我加入他们的行列。

达芙妮和我面临着一个困难的抉择。我们喜欢美国的开放生活，而且索尔克又是一个令我向往的地方。接受长期稳定的工作对于我来讲是一个重大决定。达芙妮希望我们能回到英国，我在这方面无所谓，但我的父母和姐姐也都在英国，而且在英国我有一种归家的感觉。如果我有更远大的抱负的话，也许我会追随莱斯利，但在当时，对我来讲其他的事情似乎更加重要，况且我还没有做好准备承担他所安排的那个独立处理问题的职位。于是我们接受了悉尼的邀请，到分子生物学实验室进行为期一年的访问研究，但同时我们还要求如果可能，将来还要回到索尔克。1969年的夏天，我们在美国进行了最后一次旅行，穿越佛罗里达，又返回芝加哥，沿加拿大边界，最后到达纽约，在那里卖掉了破旧的大众车。这就是美国，一个自由、开放的国度！而后达芙妮、英格里德和我一起飞回英国。

开始的几个星期，我们感觉很失落。我还记得我惊讶地看到一切事物都是那样的小巧：汽车、房子。不过我们很快找到了自己的位置，买了车，又在剑桥以南几公里处的一个小村庄斯塔利弗德（Stapleford）买了房子（我们的积蓄差不多刚够首付款）。达芙妮又怀孕了（这次是计划好的），儿子阿德里安（Adrian）于当年出世。一年后莱斯利前来访问并问我是否决定回到索尔克去时，我们已经在剑桥有了一个幸福的家庭，因此决定留下来。我们仍在同一个村庄里生活，只是住的房子离原来的有半里路远。等到阿德里安和英格里德长大之后，就在附近的小学和中学读书，然后去剑桥读六年制的大学。而达芙妮也热衷于从事一份学校图书管理员的新工作。

当我来到分子生物学实验室的时候，悉尼研究线虫有5年了，同一小组里只有两个长期从事这项研究的同事。尼克尔·汤姆森（Nichol Thomson）是一位电子显微镜专家。悉尼选择线虫作为研究方向的原因之一，就是尼克尔能用电子显微镜拍下线虫的精细照片，将线虫削切分段为精细的薄片，这样就可以很清晰地看到线虫截面的每一个细胞。此外还有缪里尔·威格白（Muriel

共同的生命线——
人类基因组计划的传奇故事

Wigby），他帮助悉尼进行遗传育种的突变研究，可以根据线虫后代的突变表型来定位基因。最初悉尼的研究兴趣在于非协调性突变体——那些由于突变造成的线虫运动的扭曲变形，不过他也搜集了所能观察到的其他现象，一方面可用作遗传图谱的标记，另一方面也由于他对此兴趣浓厚。在若干博士后的帮助下，他最终发现了许多能够促进这种突变的基因，并且将它们命名为 unc-1、unc-2、unc-3 等等。悉尼希望能够通过电子显微镜观察到线虫的肌肉和神经的解剖学结构，并且将之与基因及表现线虫整体运动系统的行为相联系。但是，这只不过是他计划的一部分。根据悉尼在原始提议上所写的，他想追溯线虫的整个谱系。然后，他就能够进行细胞分化的系列研究，从而可以将一个受精的线虫卵培育成一个充分发育成熟的成体。近一个世纪之前我们就知道，每个线虫的生长几乎都是按照同样的模式进行的，而这种模式不同于哺乳动物，甚至不同于果蝇。一旦悉尼知道这个发育过程通常是如何进行的，就可以搞明白基因是怎样控制这个过程的。这是一项很艰巨的任务，而且进展也不大。

同队伍中的其他人一样，我一开始致力于对线虫神经系统的化学研究——研究那些使用特定的神经化学递质同周边细胞进行信息传递的神经细胞（即神经元）。这项研究的目的在于找到影响神经递质产生的突变体。在索尔克研究所的一次夏季常规学习班上，我学到了一种这方面的技术。那时美国各个地区的许多科学家都飞越太平洋，来到我们这所坐落在山顶的美丽校园讲授应用课程。当时，我就预料到将来可能有机会和悉尼一起搞线虫研究，所以学习神经化学对我帮助不小。我曾学过使用福尔马林处理过的、冻干的动物组织进行化学反应。在反应中，你可以看到荧光染色的神经递质，包括肾上腺素、去甲肾上腺素和多巴胺等，整个细胞在显微镜下闪闪发亮。这样做有什么意义我还不大清楚，但这是我所掌握的一个小诀窍。

在悉尼实验室里，我在线虫研究上就用上了这个诀窍。刚开始，我的办法不是很好，因为线虫的神经元比我原来研究的哺乳动物的神经元小很多：线虫的一些神经纤维直径甚至小于毫米的千分之一。问题出在如何控制冻干操作时的温度变化上，以保持神经递质留在原位不扩散。后来，我又发现使用冷金属块和高真空的组合要比一些精密仪器效率高很多。我得到了很多漂亮的图片：这些图片很精细，可以清晰地看到绿色的囊泡，可以据此描绘出神经元的形状。我发现在囊泡中的神经递质是多巴胺，并且在以后的几个月中，我搜集到了几个异常的突变体。对这些突变体的研究，直接帮助我发现了另外一类有触觉缺陷的突变体，突变体是用毛发刺激线虫的办法来检验的。这种发现对于马蒂·查尔夫（Marty Chalfie，他是后来加入实验室的一个美国博士后）来讲就意味着一个广阔的研究领域，后来，他在纽约的哥伦比亚大学建立了自己的线虫研究实验室。

你做什么似乎都无关紧要，因为线虫的研究刚刚处于起步阶段，还有很多领域等待开发。在同样观点的驱动下，在我工作的前三年中，悉尼一直让我从事线虫基因组 DNA 数量的研究。这项工作主要是将研究对象同大肠杆菌的基因组进行比较。既要比较基因组的大小，又要比较那些几乎没有什么意义的重复序列的量。通过比较，我得出结论——线虫的基因组相当于大肠杆菌基因组的 20 倍，当时我们估计线虫的基因组约为 8 000 万碱基（megabase）。但当大肠杆菌的基因组被精确地描绘出来后，却比我们认为的要大一些，因此线虫基因组估计值修订为 1 亿碱基。几年后，当我们完成对线虫基因组测序时，发现结果还是可信的。事实上比我想象的还要好：但那个时期我的其他测定工作就没有这么精确了。测定结果还表明线虫基因组中包括大约 15% 的重复序列——在开始测序时给我们造成很大麻烦。

我还针对线虫的 DNA 做了另外一些实验，并且帮助一个美国博士生格里·鲁宾（Gerry Rubin）用酵母做了类似的工作。格里来自波士顿，是一个雄心勃勃同时又很实际、乐观的人。尽管还是个学生，但他信心十足，并且同其他科学家建立了合作关系。由于当时对 DNA 进行细致研究的工具还有待于改进提高，我们的成绩非常有限。但是我们仍在努力：最重要的一点就是我们在进行基因组的研究，这是每个生物最完整的指令。就在 1974 年格里回美国时，人们对基因组的研究工作开始腾飞。现代分子生物学的关键工具——限制性内切酶和克隆技术开始得以应用。这就意味着我们可以利用分子生物学知识将整个基因组切成片段，而且可以将这些片段在细菌内进行克隆，而所有这些克隆就构成了基因组的文库。建立基因组文库，我们就能将在突变和育种实验中得到的结论与 DNA 的物理性质结合起来，从而可以从遗传学角度进行分析。格里立即开始建立遗传学家最看好的实验模型——果蝇的基因组文库，并通过以后的工作渐渐成为世界上果蝇分子遗传学的领导人之一。

而我自己的前途看起来远没有那么明确。与大部分年轻研究员不同的是我是医学研究委员会的成员，而不是基金支持的访问学者。我的职位并不是长期的，可我有两个孩子，有自己的房子，需要长期职位提供经济保证。我喜欢在分子生物学实验室所做的事情，但那里不能保证我会得到长期职位，像那些已经有确定地位的科学家一样拥有自己的研究队伍。我甚至没有写过一篇文章——长久以来唯一一篇有我名字的文章就是同格里合作完成的酵母基因组的文章，但实际上这都是格里的功劳。我同悉尼说过这个问题，也和分子生物学实验室的负责人马克斯·佩鲁茨提起过。马克斯建议我接受一种"二级"的永久职位，问我是否同意。我欣然接受：这意味着家庭的经济保证，并且也没有我原来预想的作为独立研究人员及率领自己研究队伍的责任了。

几乎同时，我开始了一个新的研究项目，也正是这个项目帮助我建立起自己的声誉，而且这对悉尼及其同事正在进行的线虫生物学图谱的绘制帮助很大。当我使用甲醛染色法研究多巴胺细胞的作用模式时，还用另外的染色方法绘制了显示所有细胞核的图片，并且将这两种图片对照起来研究哪个细胞核属于神经元。

共同的生命线——
人类基因组计划的传奇故事

我突然明白了当线虫刚刚孵化出来时，腹索神经中的神经元比长大后要少，而腹索神经是贯穿于整个线虫的主要神经通路。所有的教科书上都说线虫类生物从卵中孵化之后就具有全部的细胞。我产生了疑问："看，当线虫刚刚孵化出来的时候，只有15个腹索神经元，但是当它长大一些时，却有57个，怎样解释呢？"我对此很感兴趣。悉尼的最初目标之一是研究线虫胚胎的细胞谱系，而现在我的研究表明在线虫的幼虫时期细胞继续增殖，它们如何增殖的问题人人都想第一个知道。这就是我希望能立即着手进行的研究。

实验室新购进了一台特殊型号的电子显微镜——被称为微分干涉相差显微镜（DIC）或Nomarski，用来研究线虫的胚胎细胞谱系。这种显微镜不仅能够将实际物体放大1 000倍，而且还可以使标本的不同区域间对比差异显著显现，这样就可以在不进行染色的情况下观察活体组织中的细胞核。以前的研究人员就是因为无法看到线虫受精卵的分化前期细胞，因而不能继续他们的研究而最终宣告放弃。

如果线虫的胚胎研究如此困难，我对线虫幼虫的研究应该如何进行呢？这些幼虫经常在你已经将其固定后逃出你的视野。早期，人们试图采用压迫或者麻醉的方法阻止线虫移动，但是结果都不是很理想。通过实验我发现了一个小窍门：制作一个表面光滑并且厚度不大的琼脂板，就可以固定线虫，并很容易观察它。将线虫的幼虫放到琼脂板上，再在上边覆盖一层琼脂，在琼脂的中间层铺上一层细菌作为线虫的食物。这样线虫就可以在这个区域得到食物，并且每当它们到了边缘，就会转过来回到原位，就好像草地里的牛。牛在草地里不会到处乱跑是因为其周围就有丰富的食物，线虫也一样。运用这个窍门观察线虫之后，我惊奇地发现了线虫的细胞分裂。在微分干涉相差显微镜下观察线虫细胞分裂是件很美妙的事情。你可以看到它们在动——那些未成熟的线虫在缓慢地移动、咀嚼，同时还可以看到细胞核，我简直不敢相信自己的眼睛。

第一次看到线虫幼虫的细胞分裂是一个纯粹的新发现：因为只要知道这是可能的就已经成就非凡了。一个周末，我仅仅通过观察就揭示了线虫胚后发育的大部分过程，另外还准确查明了另外那42个细胞的来源。后来进入腹索神经的前10个细胞来源于边缘层；原始的15个细胞是不分裂的，但是新生的10个细胞可以分裂，而且每个细胞分裂6次，其中一个的后代不是神经细胞。在这50个新生的神经细胞中，4个迁移到其他地方，4个死亡，剩余的42个细胞加上原始的15个细胞构成了成虫完整的57个神经细胞。

我开始描绘所看到的现象，书架上不再只有那么几本活页书刊充样子了。我以自己的方式描绘着细胞核的样子。现在看我当时的画，你会感到我在绘画过程中越来越自信。这成了我的日常工作：挑出一条年龄合适的线虫，然后说我要看你怎么长。有时我要花几天的时间来画这些细胞，我发现如果将幼虫放在冰箱里过夜，细胞分化就会停止，而一旦第二天一早再将它拿出来，温度升高，细胞又可以继续分裂。

当时我除了知道腹索神经细胞属于神经细胞之外，对这些细胞的其他情况一无所知，但是我认识研究它的专家们。在悉尼实验室中搞这方面研究的是约翰·怀特（John White），他和我几乎同时来到这个实验室。由于当时分子生物学还是一个相对崭新的领域，大部分分子生物学实验室的研究专家们先前都在其他领域各有专长，约翰也不例外，在来到这个实验室之前，他是搞仪器工程的。而现在他负责建立一个线虫神经系统的模拟体系。尼克尔·汤姆森将线虫像腊肠一样切开，制造了一套完整的使用电子显微镜拍摄下来的固定组织的模拟体系。悉尼聘用约翰原本是打算让他根据尼克尔拍摄的大约 20 000 张显微照片，建立起一个用来追踪和记录神经细胞活动的计算机程序。悉尼为此购买了一台计算机，约翰开始根据图片设计扫描图片的装置。但是他逐渐发现，虽然这台计算机在当时是比较先进的，但是其存储能力和运算速度都不能承担这项任务。而且从某些方面来讲，线虫是一种比较简单的生物——比如说腹索仅仅就是一捆神经纤维而已，事实证明只需用肉眼观察就足够了。

约翰是位聪明的科学家、一位阅历丰富的工程师，常常喜欢用最简单的方法来解决问题。他放弃计算机，而将部分工作交给了一个名叫艾琳·索思盖特（Eileen Southgate）的技术员。他说："她会仔细检查连续片段并标出相应进程，而后我们一起讨论，找出异常的部分。"这项工作颇为奏效,而且他们可以及时绘制出线虫神经系统的线路图。最终,在 1986 年,《线虫的思维》(*The Mind of the Warm*)发表了,文章中描述了 302 个神经细胞和它们之间的 8 000 个相互连接——这的确是一项伟大的工程。同时,约翰还发明了许多对线虫进行微观观察的装置,但是比较而言,他最大的商业成功是在 20 世纪 80 年代后期和分子生物学实验室的其他同事一起发明的第一台实用性等焦显微镜。将从一个狭缝里发出的光作为光源,使观察者的视线集中于固定的点上,反复观测之后,就能够使观察者看到整个样品的组织结构。而且除了较薄的样品之外,这种显微镜还可以聚焦于样品不同的厚度上进行观察。

尽管计算机对于线虫的神经系统研究贡献不大,但这却使悉尼改变了他的研究方向。他一头扎进了计算机,甚至亲自编写了操作系统。实验室对于我们这些喜欢熬夜的人来说,开始变得危机重重。因为一旦被悉尼逮着,他就会拉着你不放,侃他那些计算机控制论之类诡秘的事直到凌晨两三点。当时我对此非常不理解,可是几年后,当开始绘制线虫基因组的图谱时,我亦深有同感,整个 20 世纪 80 年代中期,编程成了我的嗜好。

在我即将完成线虫腹索细胞谱系研究时,约翰的腹索解剖学研究也接近完成。完成周末的工作之后,星期一的上午,我急匆匆去找约翰(因为他周末出去航海了,所以这之前我找不到他),并且将我的图片给他看。很快他就指出了他研究的腹索神经元有七种类型的运动神经细胞（即控制线虫运动的神经细胞），每一种都有自己独特的细胞谱系。这是悉尼的宏大计划始见成效的例子之一：我和约翰分别从事不同方向的研究，幸运的是最终在线虫生物学的部分分支中不期而遇达成共识。研究继续进行着，兴奋的情绪充满了整个实验室。悉尼和约翰以一瓶酒为赌注打赌说某个特定的细胞具有特定的生活史，但悉尼输了。他在会议室中举起一瓶没有开封的红酒，由于没有螺丝刀，约翰打算通过针头注射氟利昂气体来打开盖子。结果，喷涌而出的红酒在天花板上留了很多年，成为当时欢欣场面的一个留念。

尽管第一步实验成功了，但我还没有决定马上进行整个谱系的研究。1974年的秋天，悉尼实验室又来了一位新人——鲍勃·霍维茨（Bob Horvitz）。他来自芝加哥，在麻省理工学院拿到数学和经济学学位，而后在哈佛获得生物学博士学位。他是一个戴眼镜、热情高涨、技术精湛的青年，来到分子生物学实验室后，沉浸于高科技氛围之中。他曾经是吉姆·沃森的研究生，随后在另外一位杰出的分子生物学家沃尔特·吉尔伯特的指导下工作，沃尔特·吉尔伯特曾与弗雷德·桑格发明了另一种DNA测序的新方法。当鲍勃看到我的工作只是在显微镜下进行观察和描绘时，十分不屑。他问我："你的数据在哪儿？"他不理解没有类似液闪计数器类的仪器如何能够做分析。我问他："何以见得机器的电子管里产生的、打印出来的数据就一定比直接用眼睛从显微镜观察的结果更有说服力呢？"我使鲍勃信服了这些都是可靠的数据，我用显微镜所观察到的至少不比他们用机器检测到的逊色。

鲍勃最后还是说道："瞧，线虫谱系其余的部分正在等待你去完成，为什么不去做呢？"（他曾经不止一次地提醒我工作要井然有序）。但我说："不，工作量太大。"最终我们决定要一起完成全部线虫幼虫谱系的工作。就像我开始研究线虫的神经系统一样，鲍勃从线虫的肌肉系统入手，而肌肉系统在线虫的孵化期到成虫期均进行着分裂活动。和鲍勃合作是我在科学研究领域的第一个难忘的合作。我们从来没有正式的将工作进行分工——我们从不同的部分着手，但是遇到特殊问题的时候，我们会一起合作，直到问题被解决为止。我们唯一没有参与的就是关于线虫性腺的研究。我写信给戴维·赫什（David Hirsh）告诉他我们在做关于线虫谱系的研究工作，他是悉尼实验室中最早的一位美国访问学者，如今他在美国科罗拉多州的波尔德（Boulder）拥有自己的实验室。我知道他们的实验室是搞性腺发育研究的，于是我对他说："为什么不做你那部分呢？"他很快就回信了，在信中说："你的来信使我茅塞顿开。"他将这项工作交给了他的学生朱迪丝·金布尔（Judith Kimble），同时我和鲍勃也忙于对线虫其他部分的谱系制作。1977年，我们发表了关于线虫的胚胎后期谱系研究的文章，不久，鲍勃回到了美国，在麻省理工学院建立起自己的线虫实验室。两年之后，朱迪丝和戴维也发表了关于线虫性腺研究的文章。

我和朱迪丝的第一次见面是在1977年，在马萨诸塞州伍兹霍尔（Woods Hole）的海洋生物实验室举行的国际线虫会议上。这

共同的生命线——
人类基因组计划的传奇故事

种场合提供了一个能够增强国际合作，增进研究团体间联系的好机会。在伍兹霍尔我们进行了热烈的交谈，最终朱迪丝决定到我那里去完成她的博士后工作。这是我第一次做导师，幸运的是她既不需要也不想要太多的指点。她是一位个子很高的金发女士，留给我的第一印象就是强大的独立思考能力——同时，她也感觉到我并无意控制她所要做的事情。

> 我知道如果是我和约翰一起工作的话，我们之间就会是同事关系而不是学生和老板的关系——因为他从来不对我指手画脚。这对于我来讲很重要。我不希望在一个不愿意接受我意见的人那里做博士后。

在我完成线虫的胚胎后期谱系研究的几年后，鲍勃、朱迪丝和我的研究就从探寻在线虫发育过程中发生了什么事件转向为什么发生这些事件。在发育学中有一个重要的问题就是：到底是什么决定着每个细胞的发育方向？是否在发育之前细胞的发育方向就已经预先决定了，比如发育成神经细胞或者肌肉细胞，甚至死亡，就像我们有些细胞在发育过程中所表现出来的一样？或者细胞的发育取决于与它相邻的细胞的信号传递？由于线虫从一个受精卵发育为拥有 959 个细胞的成虫过程很简单，从而成为揭开这些问题的一个合适的研究对象。我们通过两种方法来进行研究：激光敲除和遗传学手段。约翰·怀特发明了一种使用激光的仪器，无论在成虫还是幼虫的组织中都可敲除单个细胞，快捷而又简单。我们使用这种仪器来观察线虫，发现在其发育过程中，细胞的分化不仅仅依赖于单个细胞的作用，而且还会受到邻近细胞相互作用的影响。与此同时，鲍勃研究了那些在成虫时期具有不正常细胞个数的突变体，希望能够找到影响正常发育的基因。他进行育种实验，而我在显微镜下观察线虫谱系中的突变体。到20世纪70年代末，我们已经从24个突变体中找到了近14个对于细胞分化起直接控制作用的基因，并且了解到不同的基因控制着不同的细胞谱系分化。我们立即意识到这个问题不再是简单的一个基因控制一个细胞分化的理论了，而应该是几个基因共同控制线虫的不同生长阶段——这也同时说明我们一开始的理解是正确的。

我喜欢使用激光敲除和谱系突变来进行实验研究，但是我总感觉到还有什么事情没有完成。我们已经对线虫幼虫中的所有细胞分裂问题有所了解，但是对其孵化之前的情况还一无所知。许多人认为追溯线虫胚胎分裂的所有过程是不可能的。自从20世纪末，人们在其他线虫类生物的研究中除了固定和染色的方式之外，在这方面毫无进展。我知道现在所需要的是一种新的方法，但是我在很长时间里都没有突破。

1977年，一些事件的发生促进了这方面的发展。在伍兹霍尔线虫会议上，我被叫到一边，告知别的实验室递交了一篇描述内脏胚胎细胞谱系的文章。但是大家都在争论，怀疑这个细胞谱系的准确性。然而，对线虫研究队伍来讲，如果问题能得以明朗化，

共同的生命线——
人类基因组计划的传奇故事

我们将获益匪浅。我自己是不是要做出判断呢？这对于我来讲的确是一个有趣而又荣耀的挑战。内脏细胞是最大而且最容易研究的细胞，几轮实验后，我肯定原来的结果是错误的。几天之后，我写了一个包含内脏全部细胞谱系的报告发送给相关人士，于是他们撤回了那篇文章。

到 1979 年我才又开始新的探索，不过有些漫不经心。实际上，事情往往在不尽如人意处见真章。到现在我已经在分子生物学实验室待了 10 年了。自从来到这里，除了屈指可数的几篇文章之外，我的成果很少，此时一帆风顺的我觉得该是转型的时候了。我试着探询了几个研究以外的工作机会，并未发现任何更适合于我的，只好心情黯淡地回到了显微镜前。

我开始观察一些胚胎外周的较大细胞，并且将一些研究进展搜集起来。渐渐地，我得出了一个关于胚胎研究的计划日程。我思量着如果要完成这项工作，需要一年半的时间，每天要在显微镜下观察两次，每次 4 个小时。看起来工作量大的让人发疯，于是我征求约翰·怀特的意见，看它是否值得。我问他："难道我真的要做这件事情吗？""是的，的确值得。"这是他对我的回答。他和艾琳（Eileen）这些年来一直不断地详细分析电子显微镜照片，希望能够完成线虫神经系统联系的线路图。

于是，在我的同事的惊异的目光下，我花了整整一年半的时间全身心地投入线虫的胚胎谱系研究中。激光敲除技术和谱系突变技术在当时已经得到广泛应用。朱迪丝还记得 1978—1979 年她做博士后的第一年期间，我们的讨论有时长达 5 个小时，但做线虫胚胎谱系的研究却是一件孤寂的事情。在实验室的外边我有一间小屋是用作显微观察的，我几乎将我的全部时间都花在了那里。每天大部分时间我在做着一天两次 4 小时的工作，观察细胞的分裂活动。如果是观察胚胎后发育过程，可以有大约 10 分钟的时间不在显微镜下观察就可以看到单一细胞，但是胚胎则不行，因为变化速度很快，必须全身心地投入注意力。其中一个困难就是很容易混淆这个细胞和那个细胞：因为它们看起来很相像。于是我用蛛丝制作了一个精致的十字标尺，来标定我所要观察的细胞，这样一来，事情就变得很轻松了。

一年半之后，这项工作终于完成了。很多人都不理解，直到现在还有很多不理解的人。在分子生物学领域，这种研究方法被称作"赫尔西天堂法"（Hershey Heaven），源自阿尔弗雷得·赫尔西（Alfred Hershey）。赫尔西是 20 世纪四五十年代通过研究一种叫作噬菌体的小病毒而奠定了现代遗传学基础的主要成员之一，此方法道：每天练一遍，遍遍无不同，招招都管用。这就像玩一个大的拼图游戏，虽然很难，但是最终还是拼成了。成功部分归功于最好的遁词："没瞧见吗？我正忙着呢。"另一方面也是因为你很重视它。在特定的任务上掌握得越来越熟练，事情就会越来越简单。但关键是问题的重要性，因为继续做被证明为没有意义的工作是徒劳的。在大的研究项目中，如果你在收集重要的高质量数据，尽管你并不知道全部数据是什么样，也十分值得将工作进行到底。

对于线虫谱系的研究实证是如此，对于基因组的研究亦别无二致。如今线虫谱系已经成为被人们广泛参照的一种资源。结合解剖学，我们就可以对基因的作用位点进行定位。引用鲍勃的一句话："线虫谱系研究将线虫生物学推进到单细胞水平。"而且，这不仅仅是对线虫本身。例如，我们发现在发育过程中有些细胞总会死亡。鲍勃和他的同事们继续研究关于这种细胞死亡的遗传学调控原因，发现在其他的生物中也存在这样的现象，包括人类在内。激活这种细胞的死亡机制就可能找到治疗癌症的新途径，而抑制这种机制就可能有助于退化性疾病的治疗。

在我完成线虫胚胎研究不久，约翰·怀特发明了一种记录设备，这种仪器使用光盘可以不用通过直接观察就对胚胎谱系进行重建。而如今鲍勃·沃特斯顿则希望发明能够使用荧光标记的全自动装置。有时人们会问："难道你不认为自己浪费了很多时间吗？"但是事实上，我没有浪费时间，因为每件事情都有自己的开端，而且随着发展，原来的技术会慢慢被后来的新技术取代。

20 世纪 70 年代，当我在分子生物学实验室悉尼手下时，正好也是线虫生物学家们达成国际合作的时期。今天线虫研究专家中的绝大多数人要么曾经与悉尼一起工作过，要么就是这些人的学生。现在麻省理工学院的鲍勃·霍维茨（Bob Horvitz），在圣路易斯华盛顿大学的鲍勃·沃特斯顿（Bob Waterson）——我最亲密的在线虫和人类基因组研究方面的合作者，都在那些早期的研究者之列。朱迪丝·金布尔在位于麦迪逊的威斯康星大学建立了自己的实验室，约翰·怀特直到1993年才离开分子生物学实验室，而现在他和朱迪丝一样在麦迪逊有了自己的实验室。唐娜·艾伯森（Donna Albertson）作为访问学者来到了这里，与约翰·怀特结婚并留了下来。乔纳森（Jonathan）是我们实验室的第三个名字里含有Jo（h）n的人，我们四个都是这里的固定成员，而其他人则进进出出，不很长久。乔纳森是悉尼首批博士生中的一员，最近才刚刚离开分子生物学实验室，荣升为牛津大学的遗传学教授。另外还能列出数十位其他的线虫研究学者的名字。整个线虫研究群体在世界上已拥有数千位成员。但是这个群体仍然保持着源自分子生物学实验室的社团精神。

无疑，悉尼个人的影响巨大且举足轻重，但是是什么却很难说得清楚。他的管理方式就是向你提出一个古怪的问题，然后抽身离去，将事情全部留给你来完成。没有每周例会来讨论实验的进程，但是他会不期而遇突然向你提问。有时候他会和你在咖啡间或者走廊里聊一些漫无边际的话题长达几个小时，但是当你想要和他谈论重要话题的时候，他又突然变得捉摸不定。我还清楚地记得在将近下班的时候，我曾经很费力地试图隔着电梯门与他交谈的情景。他从来不为要尽早发表文章而着急——直到我在分子生物学实验室待了长达5年之久，我们的关于线虫DNA的第一篇文章才得以发表。他不会耐着性子与蠢人相处，对于讥讽他总是巧言以对。我至今还记得向他述说我对终生职位的焦虑时他的回答：“不要担心，我会替你担着的。”他的性格复杂而又强悍，他毫不留情地对待在他看来会成为他的竞争者的人。但是另一方面，是他一手开展起来的对线虫的研究工作，我们在他的身上真的学到了不少东西。

　　每一天，人们总是在固定时间聚集在咖啡间碰面。每天的午饭过后，悉尼经常将年轻的研究人员召集到他的身边，进行一个小时的讨论，涉及各种问题。早晨的咖啡时间和下午的午茶时间给大家提供了良好的讨论科学实验进展的机会。在来到实验室一两年之后，我就不再经常参加这种讨论了，但是星期五下午我总会去医院的弗兰克·李（Frank Lee）酒吧喝上一杯。夏日的傍晚我们经常撑船逆流而上到位于葛兰尼车斯特（Granychester）的绿人饭馆（Green Man）晚餐。回去的时候常常已经昏昏沉沉，沿着河跌跌撞撞任由小船自由漂流，只有蜡烛在船头摇曳。剑桥的线虫研究直到今天还是沿袭着同样的习惯。另一多年来的惯例是每年在我家周围举行的盖法可斯（Guy Fawks）烟火和篝火晚会，很多线虫研究人员一定还能清楚地记得那些快乐的夜晚。我相信正是这种交流把我们这个团队紧紧地团结在一起。说不上一定要刻意地做点什么，但直到现在人们经常谈论的是，什么时候回到分子生物学实验室的线虫实验室——我们的圣地，看看？

第二章

按 图 索 骥

回想往事，你常常发现一些重要的事件改变了你的人生道路。对我而言，同意参与线虫基因组测序就是其中的一件，事实上，在做出这个决定之前我已经意识到了它的重要性。在美国的一场发育生物学的会议上，我听过马特·斯科特（Matt Scott）的报告，他在印第安纳大学研究果蝇。他的小组长期从事的工作是绘制果蝇染色体触角区域的基因图谱，基因组上这个区域的突变可导致果蝇的头上长出一条腿，而不是触角。对突变的理解，有助于我们理解腿和触角该长在哪里这一正常发育过程，这是至关重要的。他们用染色体步移（chromosome walking）的方法作图，即按顺序前行的方式标定染色体。听着他描述他们的精彩工作，我非常清楚地意识到，只要用并行而不是串行的方法，只要用多几倍的努力，整个线虫基因组的图谱就可以绘制出来。

　　制图是理解基因的编码指令如何转换为细胞内和细胞之间的分子间相互作用信息的一个步骤。正是这些相互作用实现了生命体的各种功能：消化食物，抗拒感染，愈合伤口，甚至跑一百米或谱写交响乐。在分子生物学实验室，我们要搞清楚的是线虫这样一个非常简单的动物是如何按照设计从一个卵变为成体，去行使其移动、进食和繁殖的使命的。那些研究果蝇的人们正在进行同样的研究，只不过果蝇更加复杂，有眼有腿，而且还有翅膀。

对生命在广度和深度上有更深刻的理解就其本身来说意义非凡，重要性绝不亚于探索宇宙的起源。分子生物学研究，即使是来自线虫和果蝇的成果，也将为人类健康带来巨大帮助。直到将近 20 世纪末，现代药物还是靠近似于碰碰运气的方法来确定其功效。抗生素就是一个典型的例子：亚力山达·弗莱明（Alexander Fleming）偶然发现一种霉菌可以杀灭细菌，霍华德·弗洛里（Howard Florey）和厄恩斯特·钱恩（Ernst Chain）从这种霉菌中提取出其有效成分——青霉素，用于治疗感染的病人。成千上万人的生命得到拯救，但没有人知道这种药物是如何杀灭细菌的。在过去的几十年中，制药工业一直试图寻找替代这种靠运气发现新药的方式，即根据生命过程是如何进行的这一原理来设计药物。利用分子生物学技术我们可能在分子水平上了解疾病和健康的不同。其实许多这样的分子间相互作用的过程对动物来说都是非常相似的，无论是简单的线虫还是复杂的人类。

关键的第一步是去找到控制这些相互作用的基因。每一个基因的长度一般是几千个碱基，它的 A、T、C、G 碱基组成的序列通常包含了蛋白质的编码序列。这些编码是类似于 TTT、CAG 这样的三联体，每一个编码都和构建成蛋白质的 20 种氨基酸中的一种相对应。正是体内这些成千上万的蛋白质完成了构建和维持一个生命体的功能，例如我们都知道的胰岛素、胃蛋白酶、血红蛋白和角蛋白。每一个人类基因都在 24 条染色体（编号为 1~22，再加上 X 和 Y 两条性染色体）中的某一条上有自己的位置，它们一起形成了整个基因组。有的基因在 DNA 的一条链上，有的在另一条链上，它们以相反的方向来读取。找到它们并不容易。现在我们知道只有 1.5% 的 DNA 是编码蛋白质的，剩下的被轻蔑地称为垃圾 DNA，然而更准确的叫法是非编码 DNA：它们中的大多数可能是垃圾，但里面散布的是各种各样的调控序列，它们可能是信号蛋白的结合位点、启动基因的开关和确定基因起始和终止的位点。这些调控是非常重要的，因为我们有包含同样 DNA 的 100万亿个细胞，然而每一个细胞都有其特定的职能。当一个基因被打开时，相关的一段序列被转录到一串叫作 RNA 的核酸单链中。RNA 和 DNA 在化学结构上有所不同，但密码很接近。RNA 的转录产物转移到细胞核外，它的核酸编码被翻译为构成蛋白质的氨基酸链。

这些"垃圾"是我们进化历史上"化石"的积淀。我们对它们抱有的兴趣就像是考古学家对含有化石的土堆所持的兴趣一样。使生命现象更为复杂的是，大多数基因的编码部分可以被分割为数个小片段，叫作外显子，它们被叫作内含子的较长的非编码片段分隔开。有些小基因还可以插入较大基因的内含子区域。由此可见，寻找基因远不是一件容易的事。

要找到一个地方最好有一张地图，地图可以帮你确定要找的地方在哪里，避免迷失方向。科学家在寻找基因时运用两种图谱：遗传图谱和物理图谱。遗传图谱已经画了近一个世纪，绘图师是遗传学家，他们一代一代地繁殖突变的果蝇或其他物种，通过研究代与代之间的突变画出远近关系图（比如悉尼研究线虫突变的工作）。这项工作并不涉及 DNA，差不多到了 20 世纪 50 年代，人们才逐渐接受了 DNA 是遗传物质的观点，到 70 年代时，研究方法还是很简单，不能在细节上研究 DNA。所以遗传图谱是一个会告诉你基因在染色体上相对位置的简化图。当遗传学家说他们已经找到某种性状或疾病的基因时，通常是指他们已经把它定位在一张遗传图谱上了。

找到组成基因的 DNA 的实际片段还需要一张物理图谱。物理图谱要比遗传图谱更新一些。画图的重要工具是限制性内切酶和克隆技术，限制性内切酶能把 DNA 切成几十个碱基或成百上千个碱基长度的片段，而克隆技术可以使这些片段转入一个细菌通过菌落进行繁殖。物理图谱是被克隆的 DNA 片段的集合，通过寻找这些片段之间的重叠区域可将其定位到染色体相应的位置上。

当你把物理图谱和遗传图谱结合在一起时，作图的威力才真正显现出来。这样，一旦一些基因被定位在特定的 DNA 片段上，你就可以准确地推测出包含在这些片段中的基因在哪里，这样整个系统就变得非常有效率。两者的结合就是基因组图谱。在基因组图谱上，你不仅知道一个基因在图上的抽象位置，还知道冰箱里某个特定的细菌菌落中就包含这个基因，所以你可以随时拿到

共同的生命线——
人类基因组计划的传奇故事

这个基因的序列。

20 世纪 80 年代，遗传图谱就被遗传学家用来在患有遗传病的家族中定位基因，例如亨廷顿舞蹈病[①]或囊肿性纤维化[②]。图谱被标上标记，标记则是来自两三个不同人群中特定的 DNA 短序列。如果图谱显示一个家族中每一个有同一种特殊标记的个体都患有疾病，那么很有可能相关的基因就和这个标记有关或在其相邻区域。用这样的方法大致确定了基因的位置后，遗传学家转向用"步移"的方法试着克隆出这个基因，从而读取它的序列并研究它是如何起作用的。

为了在部分基因组上进行步移实验，首先需在膜上铺开覆盖了整个基因组（有时是一个染色体）的 DNA 克隆，然后用一个标记克隆的放射性序列作为探针进行筛选。挑出和探针结合的那些克隆，通过分析它们的序列来看哪一个克隆在你确定的方向上延伸得更远一些。但开始时你可能无法确定方向，所以不得不同时向两边延伸。在距克隆远端再选择一个片段作为探针，重复上面的实验。通过这个过程可以发现更多的标记物，进一步确定步移的方向，并绘制物理图谱。步移和绘制图谱是一个连续的过程，要绘制下一个克隆，必须先确定前一个克隆的位置。整个过程十

<hr>

[①] 亨廷顿舞蹈病是一种罕见的常染色体显性遗传病，患者一般在中年发病，出现运动、认知和精神方面的症状。——编者注

[②] 囊肿性纤维化是遗传疾病，可能影响身体多处，其中以肺部和消化系统所受的影响最为严重，目前仍未有有效的治疗方法。——编者注

分缓慢，但正是用这种方法在20世纪80年代末和90年代初找到了一些和疾病相关的基因，例如囊肿性纤维化、肌营养不良病和亨廷顿舞蹈病等疾病的相关基因。

马特·斯科特（Matt Scott）从事的类似研究就是要找到使果蝇头上长出腿来的畸形基因。我在听他报告的时候想到，这个过程可以多头并进，而不用一个接着一个地挑取克隆，可以把它们一次挑出并同时检测它们的整体特征，还可以在计算机上检测出克隆之间的重叠区域。当我第一次有这样的想法时，我并不是很明确地知道如何开始；过去八年来，我一直都是在显微镜下观察细胞，并不懂分子生物学。我找到了悉尼和他的一位同事乔恩·卡恩（Jon Karn），向他们咨询如何可以鉴定这些克隆。乔恩正在研究线虫肌肉的分子遗传学，他建议我们采用一种叫作指纹法的方法。这个方法与两年后雅利克·杰弗里斯（Alec Jeffreys）发明的用于法医鉴定和亲子鉴定的DNA指纹法不同。但是这两种方法都是鉴定DNA的独特方法。我只是模糊地知道可以通过一种酶来把一个克隆切成特定的片段，再按照片段大小来排定顺序。常规测定生物分子大小的实验方法叫作凝胶电泳。这种类似于果冻样的凝胶能起到分子筛的作用。将凝胶放置在电场下，那些分子就会在里面移动，从而按由小到大的排定次序（小的比大的移动得快），在凝胶里形成固定的条带。

乔恩的方法稍稍复杂一些，但可以得到更好的分辨率，因为它生成更小的片段，可以在一种不同的凝胶上分离。这个方法运用两种不同的内切酶，并对第一次剪切后的 DNA 片段末端进行放射性标记；第二次剪切会把 DNA 切成更小的片段，随后在凝胶上分离。凝胶在胶片上曝光后会出现条形码样的黑色条带，显示放射性标记片段的位置。每一个克隆都会有唯一一个条形码，因为内切酶只会在它们可以识别的特殊序列位点上切割 DNA。条带并不是按序列排列的，但这并不重要，关键是要在不同克隆的条形码之间寻找部分的重合。一旦我们有了整个基因组重叠区域的克隆，我们就有了一个完整的图谱。

我想到把指纹法的信息数字化，这样就可以用计算机自动地寻找重叠区。你可以一起绘制整个图谱而不是一个克隆一个克隆地去做。从这个时候开始，我意识到了基因组学的威力。我已经完成了线虫胚胎谱系的研究，正在找别的事情做。绘制线虫基因组图谱的想法挥之不去，这正是我下一步应该做的事情。就像谱系是发育生物学家的资源一样，线虫基因组图谱将是那些正在寻找基因的线虫生物学家的天赐之物。我本身对寻找基因并不感兴趣，也不是特别想通过寻找谱系突变来更深入地研究线虫的发育生物学。我只是觉得这是另一个描绘生物学美好前景的好机会。

只是单纯收集数据而不设想具体的问题，这种对待科学的态度是受人质疑的。现代科学应该是"假设驱动"的，你可以先对一件事有一个预感，然后通过做实验证明你的预感对不对。如果预感是正确的，你可以预言这件事可能就是这样或类似这样的。我的第一个关于线虫谱系的研究并没有要求我问问题（除了"接下来会发生什么？"），只是单纯观察，收集数据，好得到整体概况。绘制线虫图谱也是这样的工作。有时这被叫作"无知驱动"或更伟大些叫作"培根哲学"。17世纪的哲学家弗朗西斯·培根提出一个理论，认为理解这个世界应该由无数堆积在一起的事实开始，也就是以观察为基础。采集、分类现存物种的自然学家和绘制天空中星系图的天文学家都是培根理论的科学实践者。这种研究很适合我，因为我一向对于研究中是否包含大胆的理论设想和理解上的飞跃，或者它是否得到应有的承认并不过分关注。

首先，我得找到一个工作的场所，因为我已经让出了做细胞谱系研究的实验室。那时继任马克斯·佩鲁兹而成为分子生物学实验室主任的悉尼有一个空房间，在一个听起来不太吉利的叫作"7区"实验室的偏屋。房间是6024号，因为这里是1983年线虫基因组学开始的地方，所以这个数字深深地留在我记忆里。

乔恩·卡恩告诉我，他听鲍勃·沃特斯顿说，梅纳德·奥尔森（Maynard Olson）和我有类似的想法，其目的是绘制酵母的基因组图谱。梅纳德在位于圣路易斯的华盛顿大学遗传学系工作。差不多一年以后我才认识他。梅纳德神情严肃，并戴着镶有厚重镜片的眼镜，他和我来自完全不同的科学传统背景。在他看来，冒险开始试验之前，这种新的方法要在理论上完全行得通才行。我则更愿意直接走进实验室进行尝试。尽管我们之间有分歧，但能和一个有着共同信仰的伙伴交流还是很不错的。梅纳德也很欣赏这个对基因组抱有热情并相互支持的组合，这可以使他从中受益。

共同的生命线——
人类基因组计划的传奇故事

我们在接下来的几年中经常保持联系。在人类基因组计划起步后，梅纳德在复杂情况下的综合分析能力使他的意见格外受人尊重，尤其是大家在讨论不同策略方案而争执不休的时候。

悉尼·布雷内和乔恩·卡恩表示支持，但多数人持怀疑态度，认为这件事和生物学问题并没有直接联系。梅纳德告诉我，和他谈话的多数人对此持批评的态度。"首先，他们说这做不到。然而当我打消他们的疑虑后，他们又说'没必要这么做'。于是我仔细解释这件事的意义，可他们说'但是这是不会起作用的，因为……'"我也有过同样的经历。项目开始时并不很成功，我很清楚地记得我认识的一个研究果蝇的博士后曾对我说："你做这个到底为了什么？"她非常生气。她注视着我零乱的滤膜，显然实验进行得并不好。她说："你的头脑中已经有了线虫的胚胎谱系，就应该坐在显微镜前去挑线虫的突变。"我觉得当时自己就像是一个穿着短裤挨训的小男孩，但是我说："我肯定你是对的，但我想这么做，因为我觉得这很重要。"另一个果蝇科学家盛气凌人地说："这一切都会在五年内解决，我们将在果蝇上解决发育生物学的问题。"这是事实，在果蝇遗传学巨大的进展中，克里斯蒂安·尼斯莱因－福尔哈德（Christiane Nusslein-Volhard）和她在德国蒂宾根的同事已经描述了果蝇的许多突变，这些突变可以打乱动物肢体的正常发育。但是我说："我不这样认为，这一切会更加复杂，我们将会需要所有的基因。"这也正是绘制图谱的原因。我觉得我们应该做的不仅仅是寻找突变而已，仅是突变本身并不能告诉我们所有的事。如果一个突变是致命的，或有一个以上的基因执行同样的功能，那么基因和功能之间的联系就很难分析或观察。即使我的工作只是加快对已知基因的分离，都将会很有意义。

我一直记得的一句话是："我们打算克隆所有的'unc'（线虫的非协调突变体）。"悉尼和他的同事已经鉴定了100多个这种突变。有趣的是，unc可以使所有包含它的地方出错，例如肌肉、神经或其他什么，这些关于线虫的线索很复杂，这种复杂性正是我们希望会在高等动物身上见到的。克隆进展缓慢，一个实验室得花几年的时间来克隆一个基因。约翰·怀特还记得，当有所发现后，它所带来的兴奋会遍及整个实验室，然后情况在每个人都开始试着克隆基因后变得很糟。

实验室会议的内容变得什么也没有，都是关于无休无止的制图。这绝对让人头脑发木。因为所有的人都只关心克隆，这会使整个领域变得索然无味。他们忽略了克隆背后的生物学意义。

约翰和我曾经在一个周五晚上的酒馆小酌中谈过这个问题。不久以后我意识到，如果我们可以绘制图谱，我们就能给遗传学家所有的unc——在图谱中，它们将全部被克隆出来。随后我们正是这样做的，虽然这并不像我以前想得那么容易，但几年后我们达成了这一目标。尽管找到那些用来校正图谱的高密度遗传标记物的相关克隆颇为不易，我们还是克隆了所有的 unc，提供给那些需要它们的人。

艾伦来了后，绘制图谱的工作才算真正开始。艾伦·库尔森是在分子生物学实验室和弗雷德·桑格一起工作的研究主管，他们曾经研发了最早的 RNA 和 DNA 的测序技术。他在 1967 年离开大学后一直是弗雷德的助手。在 20 世纪 70 年代后期他一直不知疲倦地研究和实践弗雷德发明的测定 DNA 序列的双脱氧核糖核酸法，或者叫链终止法。

弗雷德的测序方法虽然得到化学方面的改进，在小型化和自动化方面被大大加强，但实际上和今天所有的测序仪所使用的方法并无差别。他用一段几百个碱基的单链 DNA 作为模板。模板通过自然复制 DNA 的聚合酶来生成很多互补的拷贝，酶利用 C 和 G 配对，A 和 T 配对，沿着链行进。每一个拷贝都从同一位点开始，这一位点由短小 DNA 片段构成的引物来确定，因为引物只和这一点绑定。聚合酶通常不断从包含所有四个常见碱基的反应池中，在引物末端添加碱基，反应液中包含一个修饰过的双脱氧的碱基。每一个测序反应都有四个不同的反应管，每一个反应管额外含有四种双脱氧碱基的一种。当进行拷贝的聚合酶随机添加上一个双脱氧碱基而不是正常的碱基时，它就会终止这条链的复制。把四种混合物并排在凝胶上进行电泳，它们将按照经聚合酶复制后的长短不同而分开。每一个反应管的产物都会给出带有不均匀间隔梯度状的条带，显示出所有双脱氧碱基的相对位置。把四条条带放在一起，在连续水平位置的每一处就只会有一个条带。弗雷德记录下每一个横档所对应的管，然后他的同事可以分辨出它代表哪一个碱基，弗雷德和他的同事们查对条带所对应的反应管和反应管代表的双脱氧碱基，如此这般就读出了 DNA 的序列。

通过这种技术，他们成功地进行了几个最初的全基因组测序项目，而且一个比一个更有意义。他们首先用"鸟枪法"把基因组 DNA 打断成为随机的片段，再对每一个片段进行一系列的测序反应，然后读取每一个片段的序列。他们事先并不知道整个片段中的序列会不会被漏掉，只是进行简单、随机的连续作业，直到他们有了 10 倍左右的"覆盖率"。也就是说，如果要求序列从头到尾完全准确的话，需要有覆盖整个基因组 10 倍的读长。然后，通过寻找序列之间的匹配，他们可以将这些读长"拼接"成一个包含基因组序列的完整片段，这就是整个基因组的序列。另外，还需要做一些额外的工作来填补序列之间出现的空缺，以及解决某些片段出现频率过低（即少于 10 倍覆盖）的问题。

开始他们用铅笔和纸来拼接序列。但是很快就发现，这显然应该是计算机的工作。所以在分子生物学实验室做结构研究的助手罗杰·施塔登（Rodger Staden）被"借调"过来编写第一个用来寻找序列匹配的程序，即寻找到两个片段之间的重叠区域。第一个被用来测序的生物是噬菌体 phiX174，一种很小的可以感染细菌的病毒，它的基因组长度约为 5 000 个碱基。随后研究人员又测出了约 1.7 万个碱基的人类线粒体（细胞产生能量的部分）DNA

序列，接着是 5 万个碱基长的 lambda 噬菌体，他们的工作量每次以 3 倍的数量级增大。当时所有这些都是用费时的手工方法来完成的。艾伦意识到多数基因组要长得多，用现有的技术直接测序会很难处理。弗雷德以前的研究主管巴特·巴雷尔（Bart Barrell），现在在分子生物学实验室有自己的摊子，而在 1963 年他便离开学校加入弗雷德的工作中，正在使用同样的方法测定一个 25 万碱基的病毒基因组，进展甚微，这也是当时测序目标的上限了。

在弗雷德·桑格 1983 年退休的时候，悉尼·布雷内建议艾伦·库尔森来与我合作。艾伦听说我打算绘制线虫基因组图谱后很感兴趣，当时一亿碱基的测序似乎是不可想象的。绘制图谱是了解较大的基因组的比较现实的办法，艾伦说："这是我和弗雷德所做工作的一个合理延伸。" 20 世纪 50 年代，自从在我做学生时了解到弗雷德关于蛋白质测序的研究工作，他就成了我的英雄。这是一个神奇的历史巧合，现在他的助手将成为我的同事。虽然我们已经在同一栋楼里工作了 14 年，但以前似乎从未说过话。艾伦记述了每个部门的工作人员的特征：

在印象中，我觉得一层研究结晶的那些人大多是穿运动夹克和粗革皮鞋。中间那层，研究细胞生物学的（约翰在的那层）其特征多是便鞋和胡须。在顶层的弗雷德小组，搞蛋白质和核酸化学研究的我们，则平淡无奇。

于是，个子高高、留着胡须、说话温和、不爱出风头的艾伦来见我，我们彼此上下打量着，开始谈到他可能做什么，然后我建议继续到酒吧去聊。对艾伦来说，他的最初印象是和我一起工作将会与为弗雷德工作不同，弗雷德的方式更正规。我不是一个好的管理者，但我非常喜欢合作。我认为我们将共同分享每一项工作。事实正是如此。我们合作愉快，逐渐成为一个整体，叫"约翰艾伦"。一次圣路易丝的鲍勃·沃特斯顿实验室的技术员找不到我们的电子邮件地址，因为他一直试图在找名字叫作"约翰艾伦"的人的地址。

我们形成了一种固定的工作模式。我来准备图谱资源的克隆。为了得到克隆，需要可以打开并接受线虫 DNA 插入进来的载体。载体依次把线虫 DNA 带入到细菌体内，当细菌繁殖时就能被复制。对我们的图谱而言，我们需要叫作黏粒（cosmid）的载体，可以接受 4 万个碱基的 DNA 片段。然后艾伦用指纹印记法处理这些克隆并进行电泳。我们的策略依赖于把图像转化成数字，以便被计算机识别，这就又是我的主要工作。开始时我使用罗杰·施塔登发明的手工装置，它用一个触针准确地接触到条带，计算机自动记录下位置。罗杰也给我们写了一个简单的可以搜索匹配的程序，一旦我们有数据，艾伦就可以把克隆拼接成群列（contig），这个词是罗杰提出的，是指基因组上的重叠区域或连续克隆所覆盖的区域。我们的目标是得到少量大的群列，在理想情况下，一个大群列应该涵盖一条染色体。当然开始时，我们总是得到一堆小群列。当群列彼此连接起来时，它们的数目开始减少，这个时候总让人觉得欣慰。

我们用这样的方法扫描了数百个克隆，但对整个工作而言，这一方法明显还是很有局限性的。用触针的方法很乏味，而且取决于工作人员的准确程度，输出结果只是一个匹配的列表，没有进一步的操作。当我们发现更多匹配的时候，艾伦就擦去旧的，画出新的铅笔线来记录群列。我们需要一个电子的替代方法，当时罗格·施塔登正在忙着他的一个课题，所以我决定自己来做。我学习了一些Fortran语言（公式翻译程序语言，当时标准的科学编程语言），和罗杰讨论，就像悉尼一样，我发现自己完全被编程所吸引。我编了一个叫作群列9的基于图表的程序，在计算机的屏幕上能够用线来描绘克隆。艾伦需要做的只是定位两个群列的位置，按一个键把它们整合在一起。随后我让匹配的过程更加自动化。因为艾伦和我在工作进程中不断有新的需求，这一程序逐渐变得很大。

我们也需要自动读取胶片上数据的方法，这就更加困难。当时没有可用的商业扫描仪，于是分子生物学实验室的车间做了一个。我参与了安装辅助软件的工作。重要的是要有一个自动程序读取样品行的区带并和标记行的区带进行对比——这些标记行的区带作为参照物类似于一把标尺。但这并不很容易做到，因为每一个凝胶都与其他略微不同，它们很容易变形，所以那些位置从来都不十分精确。

在我为这个难题冥思苦想的时候，约翰·怀特正在指导一个非常聪明的研究生——理查德·德宾（Richard Durbin）。理查德现在是桑格中心的副主任，在研发软件方法上发挥了很重要的作用，如果没有这些软件，大规模的测序是不可能实现的。他非常勤于思考，在表态之前总要仔细斟酌。几年后的一天，我们都在桑格中心，我主持一个管理会议，当我说完了议程上的一个议题之后，就出去复印下一个议题的材料。回来时房间里很静，我以为大家都说完了，就将复印件分发下去继续下一个议题。过了一会儿，其他人轻声打断我，说理查德还没有说完呢。他并不因此而觉得被冒犯，因为大家都想知道他下面将要说些什么。

　　当我开始线虫图谱工作时，理查德正在读以线虫神经系统为研究方向的博士，此前他已有了数学学位，并且在一个计算机公司工作过一年。他在读博士时已经写过一个软件，用于约翰·怀特设计的共焦显微镜，那是一个很好的软件。我和他提到了条带排列的问题，他立刻就构建出一个动态编程算法，考虑到所有可能的匹配，然后找出最可能的匹配。我还另建了一个简洁、易用的编辑程序，这样我就可以一边看着扫描，一边检查算法是否挑取了正确的条带，如果不是的话，可以随时校正。我体会到接口界面的威力，它可以使计算机完成重复性的工作，并且输出一个易于编辑的画面。这个软件没有什么出色的理论和值得炫耀的地方，但足以完成工作。

　　从一开始线虫研究人员就参与到我们的工作中来，这一点非常重要。如果没有这个虽然不大但充满热情的团体，图谱上的信息就没有意义（当时世界上线虫研究人员可能不到100位，也许只有研究果蝇人数的1/10）。他们可以从已知的位置上提供遗传标记，这样物理图谱就可以和遗传图谱合在一起。一旦这些图谱上的标记物足够多时，人们就可以知道到哪里去找他们感兴趣的基因，我们可以提供给他们想去研究的那些克隆。

线虫研究团体的主要成员之一是鲍勃·沃特斯顿。他在芝加哥大学学习医学后，1972年到分子生物学实验室成了悉尼的一名博士后。他曾经研究影响线虫肌肉突变的unc，回到华盛顿大学圣路易斯分校后建立了自己的实验室，用线虫来研究肌肉的遗传学。"很显然，我们打算通过克隆基因来研究肌肉，"他说，"但这样太慢了——我们需要一种新的方法来做这些。"在鲍勃隔壁的实验室里，梅纳德·奥尔森正在绘制他的酵母图谱。鲍勃和梅纳德是好朋友，所以鲍勃早就知道用系统的方法来研究生物学，当他听到我们打算做什么时显得很兴奋。在他得到一个带职进修机会时，他写信问悉尼是否可以回来干一年。可他回来后发现悉尼的线虫研究组已经没有空间了，他本想在那里继续研究肌肉突变的胚胎学。所以他也来到了6024房间。

鲍勃偏瘦但是强健，留有小胡子，秃顶的周围有一圈褐色的头发。他最大的特点是一成不变的和蔼态度和完全正直的品质，他也很聪明睿智。这是他第二次到分子生物学实验室，上次他访问时，我正非常投入地做着谱系分析的工作，很少社交，几乎不去公共咖啡馆或茶馆，所以没有什么机会见到他。但在1985年，他来后就与艾伦和我坐在一起谈论基因组。

鲍勃来的时候我们有个难题。因为我们不理解为什么有的线虫序列不能被克隆到黏粒里，以致我们的图谱出现缺口，大约有700个。线虫生物学家已经发现较长的群列更有用，但是因为这么多的缺口，有一些独立的小片段无法被连接起来。我们需要使整个图谱连贯起来。鲍勃和我们在一起时尝试用不同的方法把克隆连在一起，但是都没有成功。大约来到剑桥后一年，他回到圣路易斯去看他的实验室的工作情况。在那里他拜访了梅纳德的实验室，遇到了梅纳德的一个博士后戴维·伯克（David Burke），戴维已经发现一个在酵母细胞内克隆较长DNA片段的方法。他把这些克隆称作酵母人工染色体（YAC）。鲍勃认为酵母人工染色体能够在我们黏粒的图谱上连接那些缺口。它们不但比黏粒更长，而且更重要的是，它们可以在不同的宿主中成长。酵母用蛋白质来包裹它的遗传信息并且有一个明显的核，就像线虫和所有其他高等生物一样，这与细菌不同。我们认为黏粒的问题就在于某些线虫序列被细菌排斥，但这些序列可能会在酵母中存留。鲍勃马上提到要做一个线虫基因组的酵母人工染色体库，因此他成了我们绘制图谱工作的合作者。"当时我已经确信图谱将会非常有用，"他说，"所以我很高兴参与进来。"从那时起我们开始了另一段有意义、有成就的研究合作关系，并一直持续到今天。当时我们并不清楚所作何为，鲍勃就同意加入，解决绘图中的难题。他制作酵母人工染色体，把它们送给我们，然后我们把黏粒送给他。我们双方都做实验来寻找克隆之间的匹配，从而确定哪一个酵母人工染色体可以连接我们黏粒图谱的缺口。

就在那时，带职进修的名古屋大学的小原雄治（Yuji Kohara）来学习线虫。他用他发明的另一种指纹印记法，刚刚出色地完成了一个大肠杆菌的图谱。他已经开始了基因表达的工作，但是他愿意抽出几个月时间参加我们的工作，当时我们正在用鲍勃所有的酵母人工染色体来排列黏粒的群列。我们稳扎稳打地进行着连接的工作，很快大多数的图谱都成了大的群列。我们关于细菌排斥某些线虫DNA的想法被证明是正确的。

这样的基因组图谱才真正变得有用，线虫生物学家受益匪浅。他们用图谱寻找基因，不仅可以找到抽象的位点，还可以找到真实的DNA片段。手头上有了这些东西，就可以做重组DNA实验来研究基因是如何起作用的，研究在不同组织中基因的表达，制备基因产物的抗体等，充分发挥所有的现代分子生物学的技术。这些基因反过来也为图谱提供新的标记物，这形成一种良性循环。基因组实验室的人员达成了共识：不把图谱的信息在寻找基因这个领域用于竞争目的，或者作为我们的竞争优势。我们认识到如果一直等到图谱完成才发表，那么我们就会封锁很多对研究线虫的科学家有价值的信息。所以从最初，我们就把图谱的数据以电子信息的形式在老一代的网络上发布出去。我常常把所有最新的图谱数据放在计算机用磁带上，把它邮给鲍勃。他把数据导入华盛顿大学的计算机并上传，这样人们就可以从他们本地的计算机上使用这些数据。我们可以用同样的方法让欧洲的研究人员使用我们的数据。在不止一个地方存储数据的原因就是因为通信速度很慢，它和数据库比较起来还有差距。当时离全球互联网还很远，我们所用的连接全球教育网的计算机网络，只能传送小的数据包，极端的时候要用一个月的时间才能把数据发出去。所以我研发了一个增量的升级系统，尽量避免把所有数据放在一盘磁带上传送。

我们的线虫图谱是实时公布的。我们在非正式的通信——《线虫养育者公报》（*Worm Breeders' Gazette*）上定期对图谱进行升级，我们在会议上做报告，任何人为了寻找基因都可以随时免费得到相关的克隆，不管他想要的是什么。艾伦和我的工作太多了，于是我们招募了瘦高、和蔼的拉塔娜·裳克因（Ratna Shownkeen），她现在是桑格中心的一位项目主管。一直到今天线虫克隆的信息流通量仍然没有减少。毫无疑问，这种双向信息交流的方式比把图谱留给自己，可以更好地促进科学的发展。我们处理线虫图谱的方式给序列数据的处理开了一个先例，后来处理人类基因组序列数据时亦是如此。

我的家庭也在发展壮大，孩子们都已长大成人，离开了家。英格里德去利兹学习生化，而阿德里安则到沃里克学习数学。对我来说，绘制图谱是一个不同的工作。以前我总是避开不属于我工作范畴的任何事情。但是绘制图谱不是我一个人能做的事，它包括对其他人的承诺和义务，例如艾伦·库尔森和鲍勃·沃特斯顿，这样工作才能够进行下去。同时1986年发生了一些变化，当年我们发表了第一篇关于线虫图谱的文章，这使我更加独当一面。首先，悉尼成功推荐我入选英国国家科学院——皇家学会（Royal Society）。虽然我一直希望细胞谱系能够发挥作用，但我并没有奢望它对各个学科的科学家能有如此广泛的价值。其次，悉尼自己从分子生物学实验室主任的职位上退休，建立了一个新的医学研究委员会分子遗传学实验室，准备开始研究人类DNA（后来研究河豚的DNA，河豚的DNA具有十分紧凑的基因组，几乎没有什么"垃圾"成分）。这意味着要开始分家了，因为我的位置是在分子生物学实验室，是和线虫在一起，这也标志着我不得不自主自立了。

我们着手线虫图谱是因为它本身就是一个有用的工具，没有必要把它看作是通往下一步工作的铺垫，即测定完全的线虫DNA序列。倒不是说我们从没有想过要测序。鲍勃·霍维茨记得我们在绘制线虫的图谱时，在20世纪80年代中期冷泉港线虫会议上度过的那个难忘的醉酒之夜。

我们四个人商定在布莱克福德大厅（这个大厅是冷泉港就餐和阅读的地方），讨论线虫的测序是否可行。约翰·苏尔斯顿，我和加里·鲁乌昆（Gary Ruvkun，鲍勃的同事），还有冷泉港的温希普·赫尔（Winship Herr，现在是副主任），他请客喝啤酒。我们四个坐在那儿主要讨论以现行的技术，对于一群像约翰这样的人来说，动物基因组测序是否可行。我们提出假设，进行分析、讨论，最后我们认定这是可行的。这在一个普通实验室是不可想象的，一亿个碱基对，这个数目太庞大了！这可能会花上几年的时间，但我们认为这不是不可能的，约翰应该去做。

鲍勃说，第二天早上我对这个啤酒催化的讨论没有记忆，但我猜想一定有什么事情留在了我的记忆深处。1985—1986年鲍勃·沃特斯顿在剑桥时，梅纳德·奥尔森参观了剑桥，他也记得类似的晚餐后的讨论。

我们谈到基因组及其发展方向。让我吃惊的是约翰第一次表达了对转向测序的强烈愿望，而且并不光是对线虫，应该说是对测序本身。他对此比我有更切实的理解，比如什么是实际可行的及相应的时间表之类的。

20世纪80年代初，从绘制图谱转向基因组测序的观念不只是限于小型生物，还涉及人类。测序将提供最终的生物学信息。单个基因的测序已经显示出一幅奇妙的图画：在线虫、果蝇和人类有相同功能的基因之间有很高的相似性。进化进程中，基因作用机制的进化看起来很保守，几乎没有什么变化。基因组测序可以拓展比较的范围，以简单的生物来研究人类细胞所发生的变化。

共同的生命线——
人类基因组计划的传奇故事

如果只有一亿多个碱基的线虫基因组都难以测定的话，那么如何测定人类基因组的30亿个碱基呢？第一个敢这么想的人是罗伯特·辛色默（Robert Sinsheimer），他当时是加州大学圣克鲁斯分校的校长。辛色默是一位分子生物学家，他已经分离、纯化并绘制了噬菌体 phiX174 的 DAN 图谱，这种噬菌体是第一个基因组被完全测序的生物（由弗雷德·桑格和他的同事们完成）。当时他更像是一位行政管理者而不是老资格的科学家，他正努力为加州大学的天文学家争取一笔买一台新的超大望远镜的资金。最后加州理工学院从凯克（Keck）基金会得到了这笔关键的捐赠，花费7 000 万美元在夏威夷建造了一个凯克望远镜。结果，加州大学失去了 3 600 万美元的捐赠，因为本来霍夫曼（Hoffmann）基金会曾希望用自己的名字来命名这个望远镜。在 1984 年，辛色默开始思考为什么这么大笔的资金不能筹集起来用于生物学研究呢？他说："我想生物学的科学机会之所以被忽视，仅仅是因为我们没有在相应的层面上思考问题而已。"

他想到了一个主意，也许可以用一个宏伟的生物学计划把霍夫曼的捐赠重新赢回加州大学。他和生物学系的同事商量建立一个人类基因组测序研究所的可行性，从而把加州大学圣克鲁斯分校推到了台前。在和他商量的人中有一位叫鲍勃·埃德加（Bob Edgar）的，是在悉尼的实验室工作过的线虫生物学家，清楚地知道弗雷德·桑格所做的事情。他们曾经给剑桥的弗雷德发了一封信，询问他的想法。弗雷德回复说："这事迟早都要做，既然如此，为什么现在不开始呢……我认为时机已经成熟。"

作为第一步，1985 年 5 月，辛色默在圣克鲁斯召集了一个工作组，包括大约 12 位各个行业的科学家，他们掌握着绘制 DNA 图谱、自动测序或数据管理的专业技术。悉尼也受到邀请，但他去不了，他委托我和分子生物学实验室大规模测序的主管巴特·巴雷尔去。其他人还有哈佛大学的沃尔特·吉尔伯特，加州理工学院的勒鲁瓦·胡德（Leroy Hood）——他的实验室在 DNA 自动测序仪上进展很快，测序仪用荧光染料代替了放射性物质来标记 DNA 片段。我颇感惊讶，我们已经坐在这里讨论如何向人类基因组挑战了。但是同时，我觉得很自信，这是基于我们绘制线虫图谱时所做的一切，并且如果需要的话，我们可以扩大规模，来绘制人的图谱。回想起来，我可能错误地认为我们可以通过黏粒来做这项工作，后来在克隆人类 DNA 时我们遇到了在克隆线虫时无须考虑的一些问题。原则上，那时候我会非常乐于签署一个协议来绘制人类图谱，因为我知道我们会找到办法。

辛色默回忆道："当我们分析要解决的问题及可供选择的实施方案时，参与者对这件事的态度在非常怀疑和十分自信之间摇摆不定。"至于是否应该去做则是另一个问题：有很多人对"大科学"的方式表示怀疑，另一些人则怀疑测序 98% 或更多的不编码蛋白质的基因组价值有多大。但是辛色默在一份简短报告上对整个工作组工作所做的结论是积极的。他认为绘制遗传和物理图谱会产生系统的作用，并以线虫图谱的事例作为证据，"在技术上完

共同的生命线——
人类基因组计划的传奇故事

全可以由一个合理组合的小组（20 人）在 3~5 年内做出人类基因组的物理图谱"。如果预计以每年每人 10 万个碱基的速率（这是非常乐观的估计，巴特和他自己的小组只能完成一半的工作量，而他是世界上最有经验的测序者之一），那么完成整个的人类基因组序列是不现实的。相反，报告建议重点应该放在对"预计是有意义的区域"的测序，比如基因和遗传标记物，直到技术上的发展使得高通量测序成为可能。

罗伯特·辛色默因为受到加州大学系统内部政策的阻碍，一直都没有建立起自己的基因组研究所。但是他向美国基金机构散发了工作小组的报告，这些机构包括霍华德·休斯医学研究所（Howard Hughes Medical Institute）、能源部和国立卫生研究院等，在这些地方开始出现巨大的反响，这有利于促成人类基因组计划达成一致的方针。作为主要倡议者之一的沃尔特·吉尔伯特开创了夸张宣传此举的先河，他把整个人类序列称为"人类遗传学的圣杯……一个研究人类功能各个方面的无与伦比的工具"。在接着的几年内召开了一系列的会议。查尔斯·德利西（Charles de Lisi）是能源部健康和环境研究室的主任。1986 年 2 月，他在圣非召集了一个工作组，开始草拟基因组测序计划，给他的部门的国家实验室提出新的任务（他们的兴趣是对放射性对基因所产生的效应的研究）。同年六月，在冷泉港关于"人类分子生物学"的座谈会上，这一问题首次在众多的学者面前被提了出来以供讨论，300 多名世界顶级的人类遗传学家和分子生物学家汇聚一堂参加了这次会议。最后在一次非正式讨论会上，沃尔特·吉尔伯特提出这个计划会花费 30 亿美元（每个碱基一美元）的假设引起了骚动：许多听众认为提供给生物学研究的基金最后都会转移到这个目标上，而那种传统的、由下至上的、鼓励个人创新的科学资助将会所剩无几。

但是尽管在科学团体内部仍有保留意见，美国国会在当时已经对这个问题十分热心，所以他们自然推动成立了一个针对基因组的专门机构，结果可想而知。美国国家科学院通过它的国家研究理事会建立了一个委员会来审查国际人类基因组的所有问题。它由布鲁斯·艾伯茨（Bruce Alberts），一个来自加州大学旧金山分校的分子生物学家负责（他是美国国家科学院的院长），成员有吉姆·沃森、悉尼·布雷内、沃尔特·吉尔伯特和其他许多这个领域的名人。同时，国家卫生研究院因为对能源部作为主导感到不安，于是也逐渐加入大规模基因组计划启动基金的讨论之中。

在这个过程中，我于 1987 年夏天，被邀请到一个由美国政府科技评估办公室成立的工作组，来讨论这个计划可能的花费。我突然间发现自己卷入了吉姆·沃森和鲁思·基尔希斯坦（Ruth Kirschstein）之间的争论中，后者是国立卫生研究院的组成机构之一国家医学研究所的主任。这个研究所已经被授予权力负责对基因组研究配发许可，但是吉姆认为，如果这个计划想要达成任何一致的话，应该需要一种更加积极的方式。他特别提到，应该有一个人，一个科学家而不是政府管理者，来负责这个计划，他令

共同的生命线——
人类基因组计划的传奇故事

人意外地向我寻求支持。他问我："难道不应该有一个人来把各方面协调起来，以完成最后的10%的工作，并且对这件事承担完全的责任？"我提出异议，担心这样会使一个人的权力过大。但是吉姆反驳说："总得有人去做它吧。"我指责他想自己做，但吉姆是一位真正的政治家，对此不置可否。

随后在2月弗吉尼亚州雷斯顿的基因组战略会议上，吉姆再次提出基因组计划应该由一个活跃的科学家领导。他不在的时候，他手下的几个人告诉国立卫生研究院的主任——詹姆斯·温加登（James Wyngaarden），吉姆本人是唯一可靠的选择。5月，温加登给吉姆打电话，建议他来领导基因组研究办公室。吉姆接受了委任，10月任命正式得到批准。

很多人曾经很奇怪，为什么吉姆想要放弃作为冷泉港实验室主任这种相对平静的生活，而去为华盛顿的空头政治服务？正如他对冷泉港的同事们所说："在我的科学生涯中，只会有一次机会让我走完从双螺旋到人类基因组的30亿个碱基的全部历程。"从艾伯茨委员会得到肯定的报告后，美国国会决定通过能源部和国立卫生研究院同时资助基因组计划，但是由于吉姆负责基因组计划，这无疑使国立卫生研究院成为更重要的一部分。第一年，他仅仅是做些计划和咨询，但是到了1989年，基因组研究办公室升格为美国国家人类基因组研究中心，每年预算近6 000万美元。人类基因组计划正式开始于1990年，目标是于2005年完成整个人类基因组测序。它最初的目的是在向人类基因组展开全面的进攻之前，通过小规模的项目，例如简单生物的测序，来研究相应的方法和技术。在吉姆的强烈要求下，这也包括了对由基因组测序所带来的伦理、法律和社会问题的研究。

虽然美国的机构为基因组研究筹集了大量资金，并且已经遥遥领先，但基因组计划在许多欧洲国家及苏联和日本也不同程度地开展起来。日本的一个项目在20世纪80年代初期就已经开始了，在许多私人技术公司的支持下建立了一个自动测序机构，其部分目的是为了跟上美国的基因组计划。英国科学家对人类基因组的合作计划有过最早的讨论，虽然他们的实验室和资金支持相对较小，但他们在分子生物学领域的成就是有目共睹的。巴特·巴雷尔和我在1985年代表分子生物学实验室参加了圣克鲁斯的会议。英国帝国癌症研究基金实验室的主任沃尔特·博德默尔（Walter Bodmer）——在国际上以研究和癌症相关的免疫系统的遗传学而著名的科学家，在1986年冷泉港会议上做了主旨发言，后来又在霍华德·休斯医学研究所主持颇为激烈的讨论。悉尼·布雷内作为国家科学院特别委员会成员参与了人类基因组计划的制订。和在美国推动这个计划一样，博德默尔和布雷内在英国国内都积极地争取对基因组计划的支持。悉尼劝说医学研究委员会设定额外额度的政府基金来启动英国的人类基因组图谱计划，这成为提交给首相玛格丽特·撒切尔的标书中的关键内容，标书是由她的科学顾问委员会的基思·彼得斯（Keith Peters）教授起草的。悉尼回忆道：

我给委员会写了一个小的提议，后来成就了这个项目。我说，我们应该加速和拓展已经做了的工作，特别是计算机研发方面的工作。我们最后得到了资金，虽然并不多，但是我想能从铁娘子手中抠出点钱来亦属不易。

在等待政府资金到位的过程中，悉尼在1986年用自己的资金先开始了工作，先是在分子生物学实验室，后来在分子遗传学实验室。在1989年2月，英国的教育和科学部宣布给医学研究委员会1 100万英镑，作为支持此项目的三年基金，实现了给予更多资助的承诺。英国项目优先考虑的多是集中绘制蛋白质编码区的基因图谱，特别是那些和疾病相关的区域，其想法和基金并没有扩展到整个基因组，并确定不会在这个阶段去测定它们的序列。

沃尔特·博德默尔和悉尼·布雷内在统筹基因组研究的国际组织方面也起了作用。人类基因组组织（HUGO，悉尼的建议）出现在1988年冷泉港关于基因组绘图和测序会议的讨论上，随后当年年底在瑞士一个会议上正式成立。博德默尔被选为第一任副主席和后来的主席。人类基因组组织一开始就采用了精英式、比较内敛的方式吸收会员，即会员只通过选举产生。我很早就被"选"了进来——我想是悉尼让我进来的，我很高兴和组织取得了联系，但是当我涉入的越来越深时，越来越感觉到这些人只对医学遗传学感兴趣，而不是关于基因组的更加广泛的生物学。他们并没有把对整个基因组测序看作最重要的事。

人类基因组组织所做的事之一就是组织常规单染色体工作组，将那些从事同一条染色体上的基因研究的科学家聚集在一起，互相讨论标记物的位置。它也做了统一新基因的命名方法等有价值的工作，它收集了起初建立于巴尔的摩的约翰·霍普金斯大学的基因组数据库的信息。管理从基因组计划得到的数据将是计划成功的关键，数据库在本质上是有价值的资源，但是它拥有的遗传图谱的数据不易与基因序列的数据整合。这些基因的数据也被另一个公共数据库——国立卫生研究院资助的基因银行（GenBank）收集，它的合作数据库是在德国海德堡的欧洲分子生物学实验室数据库和日本的 DNA 数据库。另一个人类基因组组织从来没有完全解决的问题是，作为一个国际科学家组织，它很难吸引资助。它的启动得到了霍华德·休斯医学研究所的赞助，威康信托基金（Wellcome Trust）也在 1990 年提供了资金支持，但是这些钱和人类基因组组织的目标比起来太少了，除了它的染色体工作组的统筹和两年一次的大型会议外，它并没有在基因组研究方面确立其领导地位。人类基因组组织和人类基因组计划在公众眼中常会被混淆，但是实际上人类基因组组织在建立完整的人类基因组序列方面并未发挥作用。对基因组计划的最后推动来自分子生物学而不是遗传学。

人类基因组计划的实施框架是在吉姆·沃森的领导下，按照布鲁斯·艾伯茨委员会确定的方针进行的。开始时进行必要的基础工作，然后才是大规模测序。基础工作包括：绘制遗传连锁图，然后是物理图谱，再将二者整合起来；研发新的测序技术来加快速度和降低成本；先在小型生物上测试方法，然后转入人类。虽然我被邀请参加两个确定人类基因组发展策略的重要会议，但我最初不认为这会对我所做的工作有任何直接的影响。但是现在看来，显然鲍勃·沃特斯顿、艾伦·库尔森和我已经做了早期计划所要做的大多数的事。我们绘制了一个物理图谱，和线虫生物学家们合作把它和遗传图谱连在一起，研发了让我们快速产出数据的技术并让数据列表便于使用。1989 年，美国政府把财政重点放在了基因组测序项目上，当测序突然变得好像不太可能却是唯一可做的事时，我们在自己的计划上也得到了支持。我们的图谱实质上的完成是因为有了酵母人工染色体，我们可以在大的群列中得到大多数的克隆，由此逐渐填平剩下的缺口。我们在两年一次的冷泉港 5 月的线虫会议上公布了这些成果。艾伦把它们都打印了出来，一页页粘在一起成为横幅，每一幅代表六条染色体中的一条。在会议期间，他把一幅幅图谱挂在布什演讲厅的后墙上。"非常引人注目，"鲍勃·沃特斯顿说，"我们有很多连续的片段，我们知道所有这些片段是如何定位在染色体上的。会上的其他讨论者都在谈论他们能怎样去利用图谱中的数据。这成为对我们最高的奖赏。"

在这一年的早些时候，我就意识到股股暗流涌动。我得到消息，吉姆·沃森在加入人类基因组计划之前就对模式生物的测序感兴趣，如果我们想要加入，可以形成很好的合作。吉姆在1986年霍华德·休斯医学研究所的那次会议上，从悉尼那里了解到我们的线虫图谱计划，同时对人类基因组测序的支持计划也已经基本成形。人类基因组计划已经到了发令起跑阶段，吉姆设想着如何去推销测序。他很清楚，让人们相信计划的价值和推动技术发展要先从小型生物开始。生物学一直这么做：研究工作并不从人类开始，而是选择小型生物。到现在为止，一系列越来越大的病毒的测序已由弗雷德·桑格和巴特·巴雷尔等完成，向大于病毒百倍的动物基因组挑战恰逢其时。吉姆也知道为此计划召集优秀实验室的重要性，这可以保证计划的快速实施和赢得公众的支持。一个成功的模式生物的测序计划不仅可以作为人类测序计划的预演，也可能更广泛地向生物学家们展示人类基因组计划是切实可行的，而且并不仅仅只使人类遗传学家受益。

关于吉姆的想法，其消息的主要来源是鲍勃·霍维茨，我在搞线虫谱系研究时的老伙伴，现在麻省理工学院主管一个大的线虫实验室。鲍勃在哈佛读研究生的时候就已经认识吉姆，并一直保持紧密的联系。

在我和吉姆的交谈中，他和我说得很清楚，他正在考虑简单的生物，线虫一定也在其中。但是他不确定线虫生物学家们有能力推动线虫基因组测序。

共同的生命线——
人类基因组计划的传奇故事

鲍勃回复我说有一个准备测序的模式生物的清单，包括果蝇，因为在单个被测序的基因方面它比线虫更早。但是线虫根本没有在单子上——完全没有！当然这使我们毅然决定要开始线虫基因组测序。鲍勃·霍维茨本身并不想参与测序，但是他很清楚我一定会做。"我们不能浪费光阴——这可是一次真正的机会，我们不能失去它。"我们1989年初在另一个会上见面时，他焦急地告诉我。

鲍勃·霍维茨现在觉得（鲍勃·沃特斯顿和我亦有同感）吉姆表示对线虫的怀疑是一个精心策划的计谋，来刺激我们开始行动。

我觉得吉姆确信对测序最能指望的人是约翰，让约翰行动的最好办法就是让他意识到如果他不行动，钱就会到别的地方——比如果蝇。

如果这真是吉姆的打算，的确很奏效。鲍勃·沃特斯顿正打算参加4月在冷泉港的一个关于肌肉的会议。我们向他仔细描述了怎样确保吉姆能与会并来看望我们。要确保他在线虫会议上看到我们的线虫图谱。大会结束前，我们和他约定了在他办公室会面的时间。我们匆匆讨论了如何实施这个计划，但是还没有细到谁具体做什么。突然间我们四位——鲍勃·沃特斯顿、鲍勃·霍维茨、艾伦·库尔森和我，在与吉姆·沃森做一笔关于如何开始线虫测序的交易。

会面进行得很好，我开始施展此前商定的方案。"你看，"我说，"如果你给我们一亿美元，我们在 2000 年就会完成测序。"

吉姆表现得无动于衷。他只是说："这不是我们在这个国家做事的方式。"

"为什么不？"我私下里很奇怪。但最后我们还是达成了一个协议：在接下来的三年中，我们可以用 450 万美元先对 300 万个碱基（线虫全基因组为一亿个碱基）测序，来显示我们的工作能力。工作将会由我们在剑桥的实验室和鲍勃·沃特斯顿在圣路易斯的实验室分担，我不得不向英国的医学研究委员会寻求资助，但是美国国立卫生研究院将会先资助三分之一，在试行阶段帮助英国启动计划。吉姆告诉我，他可以证明把国立健康研究院的钱在试验阶段给一个英国实验室，这可以让美国得到分子生物学实验室的线虫资源。吉姆一直以来就是一个国际主义者，他相信这个计划会因为有美国以外的平等合作伙伴的参与而更加强大。

当时，300 万碱基对测序而言是一个荒唐的 DNA 数目。对比来看，巴特·巴雷尔将要完成的人类巨细胞病毒的测序，仅仅只有24 万碱基对，就花费了他 5 年的时间，在当时这是被测序的最大基因组项目。但是我们说："好的，我们已经准备好了。我们已经有了克隆，我们相信自己可以做到。"当时这些都没有记录下来，我也没有从吉姆那里拿到支票，但是我得到了他的口头承诺，后来事情的确完全按他说的进行，令人难忘。

我非常兴奋地回到英国，从机场直接回到分子生物学实验室去找阿伦·克卢格（Aaron Klug），他已经接任悉尼成为主任。阿伦是一位结构生物学家，一个温和但是雷厉风行的人，他以主席而不是主任的身份，采用与马克斯·佩鲁兹同样的方式来管理这个实验室。他一直非常支持我，但是当我说"我们打算对线虫测序"时，他最初的反应却并不积极。他说："哦，不行！"他比我更加清楚地知道这个任务的复杂性——庞大的资金，坚持不懈的工作。然后他说："好吧，如果你真的想做，但你为什么不做果蝇，果蝇更加有用。"答案很简单，因为我不懂果蝇，我是研究线虫的。线虫是一个竞争不是很激烈的领域，而果蝇图谱一团糟，做酵母人工染色体的人正在和做黏粒的竞争，每个人都在和其他的人竞争，这是没有希望的。像是进入了罗马角斗场，显而易见，绝不应加入角斗中去。线虫图谱已经使我们走到了这一步——线虫图谱是迄今世界上最高级动物的基因组图谱。我所能对阿伦说的是："是的，第一个应该测序的是果蝇，但现在是线虫了。"在分子生物学实验室有一些研究果蝇的人，但他们是细胞生物学家，不是绘图和测序的人。当然，阿伦很清楚地知道这些。他只是想确定我知道面临着什么，毫无疑问，他将全力支持我。他自言自语道："约翰是基因组研究的旗手，这就是为什么非得是线虫。"

我们还得向美国国立卫生研究院和英国医学研究委员会提交正式的基金申请书。在分子生物学实验室的 20 年中，这是我第一次写基金申请书，我得证明为何需要 100 万英镑在三年内完成 150 万个碱基的测序。我不能忽略那种有点儿扫兴的感觉，毕竟这只是全基因组的 3%，但我们必须按比例增加测序范围。这些促成了我曾在赛奥赛特初次经历到的那种"牢狱之门"的效应：我不得不停止过于随意，而要变得更专业一些。

起先我们的申请是基于此项工作将按常规技术完成这一假设来起草的，即用有放射活性的标记物标记 DNA 片段，并拍摄记录胶上的序列。我们了解到市场上有某些自动测序仪，但最初对它们持怀疑态度，当然为了言之有据，我们申请基金为每个实验室买了一台机器。这些机器带有不同颜色的 DNA 片段荧光标记物，而不是有放射活性的标记物，并会自动地读取 DNA 片段。

那年 9 月，鲍勃·沃特斯顿来到剑桥，我们一起向国立卫生研究院写了基金申请。然后我俩开始了一次他已安排好的世界之旅，去看看有哪些新机器能在实验室里使用。当时可供购置的只有两种机器，一种是由应用生物系统公司（ABI）制造的，迈克·汉凯皮勒（Mike Hunkapiller）是公司的总裁，他开发了李·胡德（Lee Hood）在加州理工学院的发明——测序仪，另一种是由瑞典的法玛西亚公司制造的，该公司从海德堡欧洲分子生物学实验室的威兼·安索奇（Wilhelm Ansorge）那里得到了特许。还有第三种已由杜邦公司开发，悉尼正在他的实验室使用这种仪器，但这家公司从未能够使得它的机器运转得像别家公司那样好。

我们访问了坐落在马里兰州罗克维尔的一间实验室，它是美国国家神经疾病和中风研究所（NINDS）的分部，那儿有位名叫克雷格·文特尔（Craig Venter）的科学家正在从事脑化学药物受

共同的生命线——
人类基因组计划的传奇故事

体的研究。1987年2月他成为应用生物系统公司测序仪的第一批用户。从此，他将所有的能量都集中在快速、更多的测序上，当他不能得到公共基金支持时便转向了私人基金。这些都是后来发生的事。当我们访问他的实验室时，克雷格正在努力寻找自动测序仪的优点，多年来他用手工操作的办法进行一种脑蛋白基因的分离和测序，备受折磨。他极力推崇荧光测序，但并未说服我们，因为在他那里我们没有真正看到仪器是怎样工作的。最后是在得克萨斯州休斯敦的贝勒医学院实验室里，我们才确信该仪器的好处。在那里，理查德·吉布斯（Richard Gibbs，一位澳大利亚分子遗传学家，是贝勒医学院人类基因组测序中心的主任）把各种东西放进应用生物系统公司测序仪中，得到了很好、很清晰的数据。这给我们留下了深刻印象。然后，我们和艾伦一道去了海德堡，和威廉·安索奇讨论，他用从法玛西亚购买的测序仪，也得到了不错的结果。两台机器各有不同的优缺点，等我们考察回来后，确信两者都优于用放射活性标记的方法，因为它们可以立刻以数字的形式给出数据。所以我们重写了基金申请，其中包括为每一个实验室购买一台应用生物系统公司的测序仪和一台法玛西亚的测序仪。基金委员会给了我们申请的所有东西。我还保存着这份医学研究委员会通知的正式公文，是以手写传真的形式发来的。对他们来说，真是很大的一笔资金——三年100多万英镑。

我在海德堡时，有些事已经确定了。如果你从老镇穿过内卡河，向山谷陡峭的北边走去，你会发现自己在"哲学家小径"

（Philosophenweg）上。假设你作为一位海德堡的学者在这里散步，你可以穿过森林来到一个地方，那儿有个小酒馆，在猪圈里养着一些野猪，然后你沿着内卡河往回走。鲍勃、艾伦和我就沿着这条路线这么走着，边走边讨论我们该做什么。我很期望艾伦在离开七年后，能回来测序，并管理我们这边的项目，可是没有办法，作图没有完成，在测序前他还有很多作图方面的工作要做。他也表达了一个人决不能走回头路的原则。从那个小树林返回的路上，我意识到我不得不学点新技术了，心中充满了不得已和兴奋的感觉。

我想我最好在新机器买来之前能自学一下过时的测序方法。我从艾伦那儿得到实验方案，并跑了一些用放射活性标记物标记的凝胶电泳（艾伦对我最初的结果取笑不已），并开始对黏粒测序。这些是我在得到应用生物系统公司测序仪之前的几个月中所做的事情。我个人打心眼儿里并没有想要依赖这台机器。如果它读不出荧光标记后的数据，那我就按旧办法慢慢做，然后拍照。有一段日子，我和分子生物学实验室的车间及法玛西亚公司的人一起工作，来调试我们为作图而建立的胶片阅读器，以便它能够读 DNA 序列。如果我们失败，或许会用其他形式的仪器直接读出数据。弗雷德双脱氧测序法的发明，对这一领域的技术改进有帮助，但不是至关重要的，正如内燃机引擎的发明对汽车的发展所起的作用一样。这并不像什么也做不了和突然间有了一种新技术那种差别——就像谱系分析绝对离不开 Nomarski 显微镜一样。测

共同的生命线——
人类基因组计划的传奇故事

序方法通过对仪器、化学、酶和软件的改进一点一点地得到发展，逐渐使我们降低了费用并增加了自动化操作。但就像汽车发展一样，这是一个漫长的过程。我们改善了技术，但事先并不知道这点，我们只是在测序方面用现有的技术尽量做得更好一些，而不是花几年的时间去努力发明更好的技术（或者，更糟糕的是，等待别人来发明它）。

在我的一生中，与我开始测序相比，更大的变化是我开始雇用新人，组织研究小组。鲍勃和我估计我两每人约需10个人，在此之前，我还从未管理过一个以上的技术员，在这方面也乏善可陈。如果有一个完全依赖于你的技术员，那你不得不一大早来给他一些事情做。这曾经令我颇费心思："我必须给这个人一些事情去做。"我并不愿意这样想："早上你应做些什么？"我想让他们自己知道应该做什么，希望做什么。对我来说，组建一个实验室并不容易。我以前没学过如何成为一位管理者，或者根本就只是一名代理人。我从来都不必去管什么，我总是自己做事情，艾伦来后我作为合伙人的另一半，工作得也很开心。正如罗杰·施塔登曾评论的，"约翰的麻烦在于他总是想自己一个人做所有的事情"。我带过几位博士后，如朱迪丝·金布尔和吉姆·普赖斯（Jim Priess），他们正从事线虫胚胎发育的研究，能力很强，能够独立做事——朱迪丝可以为我打理各种事情。我从没想过会有更多的人在一起工作。或者，我想过这里会出现更多的"约翰艾伦们"——一种完全平行的组织结构。一段时间后我意识到测序工作是要领导一个庞大的管理机构，这和我习惯了的实验室的组织工作大相径庭。

在希尔斯路上毗邻的一栋楼内分配了一块新的地盘给我们。它以前属于神经化学药物实验室，我们称它为"老药房"，我认为这是一个很好的名字。迈克尔·富勒（Michael Fuller）是分子生物学实验室不可或缺的实验室主管，他总是知道去哪儿找难寻的试剂盒，他负责实验室的设备，我很欣赏他日趋重要的作用。开始的时候，整个实验室都挤在6024房间。我们竖好测序仪，每个人只有大约一米左右的实验台。我整个的办公空间就是外加的边台伸向过道的一米宽的桌子，桌上放着一部电话。这更像卧室兼起居室了，但这里确实是工作的好场所。

我们在报上登招聘广告并口口相传，招募研究生和博士生，很快增加了6位同事。对每个人如何分配工作，我没有想法。最初是每个人做每件事情，这正是手工操作测序小组以前的工作模式，那时技术迅速发展，能满足研究生学习所有技能的愿望。但这种方法的缺点不久就变得很突出了：它会让每个人花很长时间来学习每一件事情，而且在一个复杂的过程中，各种不同的事情会出现不可预料的错误，发现到底哪里出了问题也是很难的，所以我们开始了分工。整个过程的瓶颈是我们一直在花太多的时间来建立线虫的DNA文库，所以我亲自负责这项工作。这很快使事情有了改观，另外的好处是我能亲自试验各种方法将细菌打碎和将克隆片段导入细菌。其他人来完成常规任务：复制亚克隆，将

共同的生命线——
人类基因组计划的传奇故事

DNA 模板、酶及核苷酸混合反应，最后在将这些做了荧光标记的产物加载到测序仪上。他们也做了少许被我们称为完成或终结的常规工作，包括坐在计算机前分析鸟枪法的结果，比较初级组装和仪器读出的原始数据，在屏幕上呈现一整套带四种不同颜色的轨迹（每种颜色代表一类碱基），然后在此基础上进行编辑或追加反应，以便得到更多的数据。

在第二次招募的时候，我们扩大了"老药房"的面积，并买了更多的仪器，我们意识到应该进行分工，充分发挥每个人的能力。以前的工作人员，现在在测序方面已经成为熟手，他们将成为全职的"终结者"，并参与技术的改进。我们招进的新手，则可以从事模板的制备和反应，但也有机会学习筛选。这些人不需要有什么学位。我们根据他们在校的学习成绩、面试和我们设计的一套使用移液管的测试方法来判断他们的能力。我向候选人展示如何用移液管——一个可处理少量液体的手持工具，并请他们也试一下。这事不难，但这提示了一个人手工操作的灵巧性。

我们的管理原则很简单。你引进人，发现他们有什么事情比你做得更好，就交给他们做。如果还有差距，那就由你自己来做，直到可以把事情交给他们为止。这样事情才会向前推进。

计算机分析是工作中的重要部分，我们的确需要一个有这项技能的人。曾帮助我们在作图时做过图像分析的理查德·德宾去加州做博士后了，约翰·怀特认为，如果我们能吸引他回来，让他在测序的软件方面做些工作，那将是一件非常好的事情。理查德是一位非常聪明的数学家，不同于许多的数学家，他还喜欢亲自动手。因此我请他加盟，他同意了。他在剑桥大学时和琼·蒂里－米格（Jean Thierry-Mieg）是好友，琼是法国生物学家丹尼利·蒂里－米格的丈夫。丹尼利曾在我的实验室里做过两年访问学者。琼非常强壮，令我想起法国演员杰拉尔·德帕迪约（Gerard Depardieu），他是一位理论物理学家，但对生物信息学非常感兴趣，也想从事线虫研究项目（的确，曾有一次大清早，我从窗户向外看，发现他正坐在草地上准备与我讨论线虫）。尽管在理查德回来时，蒂里－米格的家已搬到了法国的蒙彼利埃，但理查德和琼还是共同开发了一个新的数据库程序叫作 ACeDB（AC. elegans Data Base）。该程序提供一种方法，进行序列展示，显示基因图谱及基因相关文献。他们将拷贝分发给所有其他的蠕虫实验室，以使每个人的桌上有一份资料，并能在获得新的数据时更新它。这是一项很好的工作，它能在全领域范围内设置一个标准，同样也适用于其他一些基因组的研究。

鲍勃聘用了一些重要的新人。他与圣路易斯的一些同事共同讨论过聘用计算人员的事。当他在英国与我共同起草基金申请时，其中一位打来电话说发现拉蒂娜·希立尔（LaDeana Hillier）是一个理想人选，询问鲍勃是否通过长途电话来提出关于聘用此人的意见。就这样，她在没有见到要为之工作的那个人之前就加盟了。事实证明了她在开发资源方面的才气，开始源源不断地产出数据提供给鲍勃用来分析那些线虫的资料。然后鲍勃又聘用了来自加州理工学院李·胡德实验室的里克·威尔逊（Rick Wilson），里克的学术背景是有关细胞免疫学方面的，他正用 T 细胞受体基因区域的克隆调试新的测序仪，并且曾在一段时间内，保持着非细菌复杂生物测序片段长度的纪录：91 000 个碱基。有一个像他那样熟悉技术的人对我们的合作是很有价值的，而他同时也是一位生物学家。在申请购买测序仪的基金时，能够延揽到里克加盟，这对鲍勃来说，是个很大的鼓舞。他说：

里克知道机器的限度以及该做什么来让机器有效运转。它需要 24 个样品，起初我们一天运行机器一次，持续时间是 14 小时或 16 小时。当我们弄明白一天两次运行它的方法后，备感自豪。

作为对比，现在新型的应用生物系统公司测序仪一天能运转 8 次，在单位时间内可检测 96 个样品——一些更大的基因组实验室会有 100 台这样的仪器同时运行。

一旦第一台荧光测序仪出现在实验室，很显然我们就必须要学会如何使用其控制软件。机器运转得很好，但应用生物系统公司想让客户用其版权所有的软件，这样他们可以控制最终的数据分析。为了按我上文所描述的方法正确完成测序，你必须有更容易得到原始数据的途径，来一点一点地判断它们的质量。通过电泳凝胶展示所读数据的最好办法是在屏幕上有一套带颜色的轨迹。

应用生物系统公司的软件可完成一次展示，但没有罗杰·施塔登的组装程序那样灵活，这造成使用不便，减缓了我们的工作进度。我不能接受必须依赖商家来处理数据的事实。商业公司企望控制序列分析，真是滑稽。我对数据产出情有独钟，并视之为难点。那些理论家则热衷于为基因组提出各种理论，这并不是我的工作。推进科学的最好方法是让测序仪运转起来，更经济、更快捷地产出数据，以便世界上所有的理论家都能对其进行阐释。

因此，在一个夏日炎炎的星期日下午，我坐在家里的草坪上，四处是打印出的结果和存有轨迹数据的应用生物系统公司的加密文档。我认为加密并没有什么神秘的地方，它只是按圣诞树的形式组成，我需要从一点到另一点进行追踪。星期一的早晨，我来到实验室后说："看，这就是我如何得到文件数据的方法。"几天时间内，罗杰和他的小组编写了能表明轨迹的展示软件——我们成功了。圣路易斯的团队也加入了，他们继续进行更多应用生物系统公司文件的解密工作，所以我们能完全自由地设计出我们自己的展示和分析系统。这转化了我们的生产力。以前我们只能以打印输出的形式得到轨迹，把它们放在厚厚的笔记本里装订起来。这曾令里克·威尔逊这样工作高效的人恼怒不已。他说：

> 你坐在计算机前，不得不去浏览这些愚笨的笔记本，直到你发现想要的轨迹。你还得祈祷别接错了。更好的办法是将它们接到网络上，但应用生物系统公司不帮忙。所以约翰只好

坐下来破解密码。这真是一个很大的进步，是非常重要的发展。如果我们不能够完成这些，线虫计划的进度将远远落后。

应用生物系统公司当然不高兴我们这么做。我们一直在与他们谈判，想要他们把打开文件的指令卖给我们。显然，他们控制着指令并能随时再次拿走它们。真正的风险是，他们会以一种我们搞不懂的方法重新对文件加密。我们确信他们别的客户也知道个中究竟，在此压力下他们很快同意保持版本格式的公开。我们后来成了应用生物系统公司最大的客户之一。我想我是第一个解密文件的人，但也许同时还有其他人也在这么做。我深切地感觉到我们阻挡了应用生物系统公司对下游软件的完全掌控。这是我在信息控制斗争方面的初次经验，从此，我似乎一直在和商业公司做斗争，这成了以后围绕着人类基因组的更大斗争的预演。

和鲍勃及圣路易斯实验室的其余同事一起工作是一次很好的经历。我们不断地比较记录，每人分工，从染色体的同一位点开始，彼此向相反的方向测序。这样对每一条染色体来说，存在的只是实验室之间结果的拼接，这些结果仅有一个重叠。如果一个实验室碰到特殊的问题，就将问题留给大家。那些容易解决、不用花很多精力的问题由两个实验室分别加以处理，而确实很难的问题则值得每一实验室以不同的途径进行解决。不错，这样会有竞争，特别是在每个实验室能产出多少序列方面，但在这一竞争中，没有什么东西会被隐藏。例如，在鲍勃的实验室，早期就存在组装黏粒的困难。鲍勃说：

> 那些大空洞确实很难合起来。我们最终解决了这个难题，毛病出在建库上，建库中的抽提步骤之一造成了 DNA 部分解链。剑桥一方没有碰到类似的问题，所以我们和约翰一起审查我们的实验方案。结果发现我们的温度不够低，我们尽可能彼此帮助，但也尝试着打败对方。

相距几千里远不是真正的问题，我们大多利用电子邮件。后来，鲍勃和我形成了每周通一次电话来讨论问题的习惯。两个实验室的每个成员都定期互相拜访。一年中的重要场面是实验室年会，那时我们会轮流主持，让另一实验室的所有成员都参加回访。这种聚会有很重要的目的——亲自看看另一组的人员是如何工作的，但更多被记住的是那些业余活动。剑桥实验室的活动包括撑船、野餐和喝适量的啤酒，这是在线虫实验室形成的传统。

这是一个多产的工作方式。两年后我们毫无疑问的被称为世界上最大的基因组序列产出者。令我们恼火的是，我们发现自己不得不应对那些批评家，他们只知道一味地拒绝相信我们产出的数据。鲍勃曾和一个对大肠杆菌进行测序的人有过一次特别不愉快的争论，这位测序家大大地超估了基因组计划的花费，只是因为他不相信鲍勃的实验室会一周七天、一天两次地运转测序仪。更严重的问题是，人们是否相信我们所在做的一切是值得的。我

共同的生命线——
人类基因组计划的传奇故事

们受到一些平时与之和睦相处的线虫科学家的攻击，他们认为我们正在掠夺他们的资源。一些人认为花成百万美元的研究基金去做那些不能直接解决生物方面问题的工作是错误的。我们要使他们明白这些钱已经播下了种子，投资于基因组计划的资金不会白费。

在我们的工作开始后的一年——1991年的线虫工作会议上，有一些最好的实验室还在抱怨。但之后的两年，他们就发现人们涌进了基因组测序这一领域，因为他们看到发现基因变得如此容易。于是实验室的主任们也看到了这点，对他们的资助非但没有减少，基因组计划实际上还增加了资助力度，因为这使得每项研究变得对基金委员会更具吸引力。我开始注意到在请我去评判的那些线虫研究的基金申请书中，都提及了线虫基因组。

我们的计划更有意义之处，大概是证明了基因组测序是值得的，因为随着经验和技术的发展，产量增加了，而费用降低了，基于克隆的方式高效且精确。毫无疑问，有了基金的保证，线虫基因组测序将会在几年内完成。如果两个实验室能花几千万美元完成线虫的基因组，那么完成人类基因组也是指日可待的事情了。

第三章

书 生 言 商

我暂住在伯克利克莱尔蒙特旅馆（Claremont Hotel）的顶楼套房，从旧金山湾的任何地方都可以看到旅馆的白色大楼。套房有一专用楼梯通向楼顶，站在上面可以鸟瞰伯克利全城。我来到伯克利，是由于作为国立卫生研究院工作组的一员，我们当时正在评估格里·鲁宾实验室的工作进程。自从离开分子生物学实验室，格里已经把自己的名字写进了果蝇的分子遗传学，而现在他正着手进行果蝇的基因组测序。现场调查一般不提供这种奢侈的住宿，但由于克莱尔蒙特旅馆客房紧缺，由国立卫生研究院出面，我便得到了这个豪华套房。这为随后发生的事件提供了一个精美奢华的背景幕布，好像是电影制片人预先设置好的。

1992 年 1 月的一个晚上，一个富有的投资商弗雷德里克·伯克（Frederick Bourke）来见我，他做皮货生意发了大财。这已经是我们的第三次会面了，而事情并不如他所愿。他不免说道："跟科学家打交道就像牧羊犬围捕羊一样。"他想让鲍勃·沃特斯顿和我共同出面掌管他正酝酿的在西雅图成立的商业测序公司。先前我没有做出任何承诺，而这次，他似乎也已经从我的眼神中看出，我不会接受他的邀请。他说："约翰，我觉得这不会对你造成任何伤害。"我也承认这对我来说的确毫发无损。就算大家都知道美国人要留下我，这又会有什么伤害呢？

伯克走后，我女儿英格里德和她的男朋友保罗·巴弗里德斯（Paul Pavlidis），还有他们的朋友来到了这里。英格里德为了读发育生物学博士早在1990年就来到了伯克利。她曾那么渴望到加利福尼亚去，以至我都习惯于取笑她说，"早知道就把你生在那儿了"。我们登上顶楼，像个伯克利人那样，点起了烟，望向外面的港湾。我回忆起来这又是一个重要的时刻。但我当时对眼前的一切将导致的必然结果毫无所觉：吉姆·沃森将不能继续领导国立卫生研究院的基因组计划，而我却即将叩响"牢狱之门"，领导一个实验室，并最终完成整个人类基因组1/3的测序工作。

我和鲍勃一直致力于公共事务领域，居然会考虑商业测序，这需要稍作解释。所有这一切都是因为前期的线虫测序计划的成功，这一计划两年半前在冷泉港吉姆的办公室中启动。到了第二年年末，我们发现三年完成计划毫无问题。我从未对我们应该把线虫基因组测序从3%提高到97%表示过怀疑，而鲍勃也对此胸有成竹。但是我们心里没底：现有的两家资助机构无法满足我们的资金需求。之所以会产生这种顾虑，部分原因是因为有些人对线虫基因组能否得到有效利用表示怀疑，更重要的是我们的开销太大了。尽管我们已经尽量削减每个碱基的测序费用，但资助规模仍需10倍于先期规模。我们对现有的赞助者信心不足，怕他们

共同的生命线——
人类基因组计划的传奇故事

担心这样做的意义不大，因此我们也尽力去寻找其他机会。无论是我们这个项目还是我们的项目组，以前从未承担过这样的责任。鲍勃和我都对此表示担忧。我们当然要考虑促成新的协议，很显然，我们可能没有资金来源了。下一阶段，美国将不会再给英国钱。这一点，吉姆说得很明确："在试验摸索阶段，我们还可以付一些，到了生产阶段，我们就无能为力了。"如果美国国立健康研究院只付一半，那么英国医学研究委员会就要付另一半。而问题是，要拿出 1 000 万英镑对英国医学研究委员会来说，的确是个挑战。

1991 年，就是我们的资金快用光的前一年（鲍勃开始得要晚些，所以他的时间长一点儿），李·胡德突然打电话给我："我有个提议。我想建立一个测序机构，由你和鲍勃来领导。"李是个相当出色的社交家。我们测序进展神速还要归功于他和他在加州理工学院的实验室。他们研制了自动测序仪，随后在迈克·汉凯皮勒领导下成立了应用生物系统公司，将这些测序仪商品化。李刚刚获准带着比尔·盖茨的投资到西雅图的华盛顿大学成立一个兼重学术的生物技术系。现在他告诉我们他要依附这个生物技术系建立一个商业性测序机构，而且，已经说服伯克进行投资。他没有给我们提供任何学术头衔，但是说无论如何，我们都会归属于这所大学，而且他还暗示，这样的话，我们就可以完成线虫基因组测序。

如果不是因为李，我们不会予以考虑。但是李不一样，他很好地领导了他的实验室，我们很尊敬他。我们认真地筹划了这件事，一方面是怕我们没有办法从政府的资助机构得到足够的资金，另一方面是怕另有他人捷足先登，木已成舟。

起初，鲍勃和我都放不下这件事。我们将要在同一座城市并肩作战了。"这件事本身就很有吸引力，"鲍勃说，"李·胡德带着他的技术到了那里，他还极力邀请梅纳德·奥尔森加盟（后来梅纳德也很快去了那里），你将看到一个称雄一方的研究基地的形成。"但我们也仍在深深思索："李图什么？我们真的非做不可吗？"伯克会付给我们远比现在的工资标准高得多的薪金，还有优先股权。更重要的一点是，对我们想要完成的大规模测序，这可能是最好的办法。然而，我们渐渐意识到，线虫测序根本就不在伯克的计划里。他开始抱怨，这些科学家总是那么难缠。而当我们准备写下将要正式商谈的内容时，他就开始说些你们究竟要带来多少机器之类的话。而最要命的是，在是否公开测序数据这个问题上我们存在严重的分歧。伯克最初的想法是要为这些数据申请专利。我们认为没有这个必要，而且在不久的将来我们就要把这些数据提供给科研机构，以期得到更好的利用，而伯克则不买账。

有一种情况开始日渐明朗，那就是我们将只是一个商业测序组织的科学总监，而要完成线虫研究的可能性则日渐式微。还有一点也很明确，我们所要的一切必须以我们所做的为前提，而如果我们打算做任何自己的研究，就必须像惯有的方式一样去申请基金。我们俩都在美国，只能共同申请国立卫生研究院的基金从而失去由于医学研究委员会的参与而带来的平等的国际合作机会。

早在伯克到克莱尔蒙特旅馆见我之前，我和鲍勃就已经基本上达成了反对这项计划的共识。不久我们开了个电话会议，鲍勃和我告诉他，他的愿望不会实现。我做出这样的选择不费吹灰之力。每个人只有一次生命，那就应该做自己真正想做的事。我不会因为诸如赚钱的缘故而放弃自己的追求。

吉姆·沃森听到了李·胡德和伯克正与我们协商的风声，而他更关心的是，伯克的这一举动对他的测序计划是个挑战。他说：

> 我们担心伯克将会拉走约翰和鲍勃，因为早在 1991 年秋天的时候就传出了这样的话，他们是当时世界上仅有的成功测序者。

这倒是真的，由于各种原因，其他几个已经立项的基因组测序项目，如大肠杆菌、酵母、果蝇和人类几个染色体的一部分，都没有像线虫这样高效的产出，线虫独领风骚。吉姆与伯克碰了面，发现伯克的企图后，他被激怒了。在吉姆看来，伯克的这个私人公司将极有可能使国立卫生研究院的基因组测序计划付诸东流。吉姆为了保住最优秀的测序梯队，非常担心这个项目失掉其国际合作性，在当时来讲，尤其怕失掉线虫测序小组和医学研究委员会。他说：

> 我在想，你们让两个国家共同完成这个计划真是太妙了。你

想，如果一个国家投钱，另一个国家也得投；而如果只有一个国家做，它不做了，你总不能说另一家在做吧。所以，我反击了伯克。

吉姆立即开始和他所能想到的每个可以阻止我们与伯克合作的人联系，他首先和鲍勃通了电话。到1992年1月中旬的时候，我们还没最终确定将如何处理这件事。和吉姆交谈后，鲍勃意识到我们应该让局势朝着有利于我们的方向发展——就像他指出的"至少先利用它多多少少地给自己松松绑"。他用强硬的口气写信给吉姆说，真正的问题在于资金匮乏。国立卫生研究院看起来只会袖手旁观，而新的基因组测序的努力将来自法国，美国只有要么私人，要么慈善机构投资。鲍勃写道："我们并不想开始一个被二流对手凭着资源优势打败我们的计划。"鲍勃同样强调了我们将把数据公之于众的想法。"当然，我们对这个从未经历的陌生领域仍有一定的疑虑……如果把基因组计划仅仅当作投资者发财之路，那它就不可能完成。"

就在吉姆打电话给鲍勃的当天，他还给分子生物学实验室的阿伦·克卢格打电话，倾诉对伯克投机行为的"盛怒"，并告诉阿伦自己将于1月底去参加在瑞士达沃斯举行的世界经济论坛，到时会赶到英国。在路上吉姆打电话给医学研究委员会的秘书戴·里斯（Dai Rees），说要见他，并告诉他自己是多么关心吸引我去美国的机会有多大。然后吉姆赶到剑桥来找我谈话。我对他说鲍勃

共同的生命线——
人类基因组计划的传奇故事

说的都是真的——我们考虑伯克的邀请仅仅是因为不知道有没有钱来支持我们完成计划。但是这一次，我们基本上已经对伯克说"不"了，而且吉姆也打消了我们离他而去的疑虑。

吉姆可能没有意识到，代表我们东奔西突的同时，他也在"作茧自缚"。我不知道我们当初为何没有早些信任他。在国立卫生研究院他已点燃了导火索，而现在他的干涉则有点儿火上浇油了。

伯纳丁·希利（Bernardine Healy）接替詹姆斯·温加登成为国立卫生研究院院长，她是一位职业科学管理人。她和吉姆的意见针锋相对，而这次争议的焦点集中于基因序列专利。1991 年夏天，国立卫生研究院已经为几百条基因的片——被称为表达序列标记（EST），申请了专利。这些表达序列标记是在克雷格·文特尔实验室产生的，与沃森的基因组中心没有关系。表达序列标记可作为识别基因的便利标记，但是并不能显示基因的功能（除非与这些表达序列标记匹配的基因，无论是同一物种还是他物种，其功能已经明确）。

专利是为了保护发明而设计的（我一直这样认为）。确立一个发明需要三个基本要素：新颖性（以前从未报道过），实用性（该发明可用来开发成商品或其他用途）和独创性。而表达序列标记哪条也不符合。发现了它们与"发明"没有任何瓜葛，那凭什么给它们专利呢？ 1991 年的专利申请不仅给这些表达序列标记以专有权，而且包括了与这些表达序列标记相关的基因，甚至是这些基因所编码的蛋白质，这真是疯了！但希利坚决要把这些科学发现推向商业化。对于是否给基因授予专利这个问题，即使在国际上，大家说来说去也没有定论，但是国立卫生研究院的律师们决定对克雷格的表达序列标记采取万无一失的做法。那样的话，一旦其他国家的科学家为基因申请专利，他们也有优先要求权。

要申请专利的决定涉及国立卫生研究院的方方面面，但是对于基因组研究中心和吉姆·沃森主任来说，与其说是征求他们的意见，还不如说只是给他们一个通知罢了。当克雷格在一个由美国参议员皮特·多梅尼西（Pete Domenici）主持的有关基因组研究的听证会上宣告已申请表达序列标记专利时，沃森怒不可遏，说这"简直是神经病"，还说，如果仅仅几个表达序列标记就可以获得专利是确有其事的话，那简直太可怕了。他惊呼此事与发明毫不相干，并断言自动测序意味着这项工作甚至一只猴子都能胜任——这种经典的出其不意的抨击，对克雷格和他的同事们来说更甚于单纯的侮辱。这种给未明功能序列提前申请专利的做法，可能使已有的国家和国家间的自由合作结构毁于一旦，对此，吉姆极为关注，他认为这种合作对基因组计划的利益完全实现是极为重要的。另一方面，希利则认为不给这些序列专利或潜在的许可，将很难激发那些厂家把这些科学发现转化为产品。就这个问题他们无法调和，争论持续进行着，所不同的是他们在公众媒体上争论，而不是面对面商讨。

沃森最终同意不公开批评国立卫生研究院的政策，但其他学

共同的生命线——
人类基因组计划的传奇故事

者可以表达他们自己的意见。人类基因组计划学术顾问委员会主席，来自斯坦福大学的保罗·伯格（Paul Berg）也称："毫无疑问，申请这种专利的决定是一种悲哀……我们相信这种声明对科学而言不合适，甚至是有害的。"像吉姆一样，委员会也担心这样的声明有可能导致一场国际上的专利竞争，这样的话，就会破坏基因组计划的合作框架。国际人类基因组组织也做了一个类似的声明，沃尔特·伯德默尔时任国际人类基因组组织的主席，断言说，如果美国当局坚持这种专利策略，英国除了跟着这样做之外别无选择。尽管抗议声四起，国立健康研究院还是于1992年2月又进一步增加了2 375条表达序列标记的专利申请，只不过这次没有包括这些序列相关基因所编码的蛋白质。他们的这个举措又引来新一轮批判。伯格的话代表了大部分人的心声："这种做法在多数人眼中，对于正确实施基因组计划，简直是个嘲讽！"

在这风雨欲来之时，希利收到了伯克的来信，李·胡德也在电话中表示支持，希利在信中谴责吉姆，说他干涉她招募鲍勃和我，就是在损害美国工业界的利益。"我不是在反美，"吉姆后来说，"但我的确在与伯克对抗，因为我不想把我们已经取得的成功拱手让给私营公司。"希利利用伯克的关系以涉嫌妨碍公众利益为由对吉姆的金融财产进行调查，没有发现任何吉姆此前尚未公示的财产，但希利从未公开证明吉姆的清白。吉姆别无选择，于1992年4月辞职，而今天看来，他差不多是被炒了鱿鱼。他事后说起：

看来在国立卫生研究院任职的同时兼任冷泉港实验室主任，并接受国立卫生研究院拨款并不怎么合法。但在当时（吉姆第一次来到基因组办公室的时候）我并不认为谁会辞掉工作去经营人类基因组计划——至少真正的大人物不会。

吉姆返回冷泉港后宣布，无论是谁接替他的工作，他都会继续支持这项计划。但是人类基因组计划却失去了一笔无比宝贵的财富——一个勇敢而真诚的领导者，他会为了自己的信念而公然反击，他把人类基因组计划真正推向了国际化。至少，吉姆已经建立了该计划要由科学家而不是行政人员来领导的基本原则。吉姆辞职一年后，希利委任弗朗西斯·柯林斯（Francis Colllins）来接替他，弗朗西斯是密歇根大学的遗传学家，他参与了包括纤维性囊肿病在内的几种疾病基因的发现工作。在他自己的事业如日中天的时候，弗朗西斯勉强赴任。条件是改换工作可以为他的实验室提供所需设备并增加新的、内部的遗传学研究人员，他才同意搬到国立卫生研究院的贝塞斯达（Bethesda）校园去。

美国国家人类基因组研究中心，也就是后来的国家人类基因组研究所（NHGRI），不仅自身从事研究，还向其他基因组研究中心拨款。弗朗西斯，一个高高瘦瘦的虔诚的基督徒，一下子处于尴尬的境地——国家人类基因组研究所已经变成了国际基因组计划实际上的协调中心，时至今日，他不断运用自己身为美国南方

共同的生命线——
人类基因组计划的传奇故事

人的温和魅力，使那些关注人类基因组计划并时常充满敌意的各方之间达成共识。

关于表达序列标记的专利之争又持续了两年。1992年8月美国专利局完全拒绝了第一批申请，但国立卫生研究院无视这种拒绝，又为另外4 448条表达序列标记申请了专利。1992年11月，克林顿当选美国总统后，希利辞职（国立卫生研究院院长由执政党委派，而她是在共和党执政期间被任命的）。接任者是哈罗德·瓦穆斯（Harold Varmus），他在癌症研究领域享有盛誉并获得过诺贝尔奖，决定不再卷入专利问题并于1994年撤回了已经立项的申请。然而，关于遗传物质，什么样的专利可以令人接受这类问题依然没有完全解决，有关争论也在被反复提及。美国专利局已经给成千条基因序列授予了专利，而只要有钱，任何人都可以在法庭上向这种专利提出挑战。直到2000年，专利局才制定出一系列的指导方针，来明确"实用性"的概念，以防止专利申请者提出"基因探针"等模棱两可的应用。但授予一段基因序列专利仍是允许的，比如说，只要你能证明这段序列可能如何用于疾病诊断就行了。最后，不再是基本原则的问题，而是看哪一方更有钱请律师。人类基因组计划的一个目标就是尽力使这些基因组信息可以为公众所用，使之无法专利化。

吉姆从基因组计划的关键位置离职这段小插曲，伯克的介入起了多大作用真的很难说清楚——专利问题可能是吉姆和希利之间最为严重的冲突。尽管在吉姆看来为了留住鲍勃和我他有点过于涉险，但他的介入则为剑桥和圣路易斯的线虫测序团队带来了好运。吉姆使医学研究委员会意识到如果不能在基因组测序资金问题上迈出实质性的一步，英国就会坐失良机。吉姆访问之后，阿伦·克卢格立即获得戴·里斯的批准与布里奇特·奥格尔维（Bridget Ogilivie）进行磋商，布里奇特新近被委任为威康信托基金的主任。

这个信托基金是一个慈善机构，是按照亨利·韦尔科姆（Henry Wellcome）先生的遗嘱，于他 1936 去世后成立的。韦尔科姆先生把自己在威康基金会①的全部股本交给托管人，让他们把股本收益用于有益于人类和动物健康的科学研究上。在 20 世纪 80 年代中期，由于担心药厂的业绩已达顶峰，为了增大资本基数并保护已有的研究，信托基金开始大批转卖掉自己的股份。几乎与此同时，由于抗 HIV（人类免疫缺陷病毒）药物叠氮胸苷（AZT）成功上市，药厂的资本又有大幅度提升。1992 年信托基金卖掉了第二批的股份后，已经成为当时世界上最富有的医学研究慈善机构。布里奇特·奥格尔维是澳大利亚籍的科学家，她在研究寄生性线虫病的免疫反应领域成果颇丰，1979 年便来到信托基金工作，1991年成为这里的主任。一年内她的预算翻了一番还多，从 9 100 万英镑到两亿英镑（今天比这两倍还要多），这些钱她都得花出去。于是布里奇特说："要理智地花掉这么一大笔钱真不容易呀！"

---

① 后来改名为威康上市公司，再后来更名为葛兰素·威康（Glaxo Wellcome），现并入葛兰素·史克（Glaxo SmithKline）

医学研究委员会的接近对威康信托基金来说再及时不过了。尽管威康和医学研究委员会的关系一度紧张，但布里奇特（她的主要研究生涯起步于医学研究委员会的研究所）还是对进行某种合作表现出很大的热情。

我们的第一个想法就是分别拿出 200 万英镑来留住约翰。但我当时马上意识到，由于卖掉了股份，我们有了一大笔钱，可以做更多的事了。

不久，威康就明显对资助我们在分子生物学实验室的工作失去了兴趣，而准备把资金投到更大的基因组测序计划中去，那样不仅可以进行线虫测序，而且可以包括人类 DNA。医学研究委员会也毫不相让，不允许威康把它的项目带走。第二年的 6 月，5 年 1 000 万英镑基金下达来资助线虫测序计划的完成，如此信任对我来说可谓意义非凡。

1992 年真是快让人发疯了。那是一生中不可多得的时刻之一，我感觉自己就像片孤叶在风雨之中飘摇。先是伯克突发评论，给英国新闻界增添了一段插曲，而这可能又触发了后来的事件。我与威康信托基金商议建立新的测序中心，我将担任主任，对人类基因组发起攻击。春暖花开的季节，阿伦·克卢格又拽着我来到伦敦，与威康信托基金的遗传学顾问团开了个会。这个顾问团是威康一年前确定了进行基因组研究的决策后成立的。在阿伦的煽动下，我匆匆写就了一篇仅有 4 页的汇报提纲，其中还包括几个运作资金的预算表格，我提出最初两年的资金为 1 000 多万英镑。提纲中，我描述了我们正在进行的线虫基因组计划，并说明这项计划的工作经验可以直接用于人类基因组。我下了结论："无疑现在到了进行大规模测序的时候，而不是像以前议论的，必须等到更好的设备和更精妙的基因技术出现时才开始……现在就开始将带给英国以领先世界的机会。"

在会议上阿伦驾轻就熟地讲述到大规模测序或者称"兆基"（百万碱基）测序将从整体上改变疾病基因的寻找方法。他以亨廷顿舞蹈病为例，在它的致病基因被定位于染色体之后，花了十年的时间仍无法确定它在染色体上的准确位置。若用传统遗传学的方法通过寻找邻近标记物的连锁关系，需要大量的时间与一定的运气。基于我们研究线虫的经验，阿伦争辩在几百万碱基范围内，与其继续进行连锁分析，还不如直接测定已经被定位的克隆。"这就是分歧所在。"他说，"通过这种方式中途就可以得到结果，在寻找目的基因时并不一定要获得整条序列。"

每件事都在以惊人的速度接连出现。在 1992 年 3 月，布里奇特·奥格尔维委托威康信托基金的一位资深专家——迈克尔·摩根（Michael Morgan），去考察信托基金测序计划的可行性。同时，需要将我的汇报提纲整理成为头五年工作的正式建议书。我们还提及新的测序中心规模将数倍于我们现存的线虫测序组，拥有高度组织化的运转机制，大于当时世界上任何其他测序中心。我们这个建议书拟定了一个 4 000 万~5 000 万英镑的预算（难以想象不到三年前我还只是祈求得到 100 万英镑的资助）。考虑到款项的数额之大，我们的建议书显然过于短小。建议书里还包括了我在不经意间画的一张表格，记录了我们打算用五年时间完成线虫测序、酵母测序和新近成立的国际测序合作组织的第一批 4 000 万碱基的测序任务。实际上，我们差不多按时完成了任务，仅仅晚了 6 个月，这段时间花费在了启动后搬迁到新实验室的过程中。无论如何，它奏效了。董事们接受了这份建议书，并且同意为它拨款。布里奇特·奥格尔维说："所要承受的压力之一是尽快行动。"

在 1992 年的夏天，预感到很长时间都不会休长假，达芙妮和我去了美国蒙大拿州的冰川国家公园。我们先飞到西雅图，在那里租了一辆车。一路上观赏着西雅图周边的秀美风光，勾起我们淡淡的怀旧之情，曾经我们差一点儿就决定要在这里生活和工作了。冰川太美了，宁静的湖泊、连绵的群山、悠长的小径，甚至还有熊。半路上，英格里德加入进来，她一直沿着海岸边蜿蜒的铁路骑马前行。我们共度了两天之后分开了。在我所经历的那一连串不知何日是尽头的事件中，这段时光令人难以忘怀。

在这段假期里，我给迈克尔·摩根打了一两次电话，询问他事情进展如何。找到新房子来安置新中心是我们首先要做的事之一。他通过电话告诉我各种可能的情况，甚至包括一个废弃的鸡研究所，他开玩笑说那些鸡棚看上去放置测序仪蛮不错的，只是太低，人都没法站直腰了。假期结束后，我和迈克尔花了几个星期的时间在剑桥附近寻找办公大楼，不过一无所获。我们也曾考虑过爱丁堡。爱丁堡正在发展高新技术产业，像西雅图一样，那里有山有水，是个很棒的地方。但不无遗憾的是，我放弃了这个没有经过深思熟虑的主意，这样的长途搬迁会耽搁我们的进程，况且也不是每一个人都可以走，出于连续性的考虑，与剑桥基地保持紧密联系更为明智。

那时我们从分子生物学实验室主管迈克尔·富勒那儿得知，一位地产开发商正要出租在辛克斯顿村的房产，大概离剑桥有 15 公里远。那里以前属于一家冶金工程公司 Tube 投资公司，包括一个相当简陋的辛克斯顿礼堂，一栋虽小但很堂皇的房屋，可能建于 18 世纪，外加 22.3 公顷空草地和一排砖头建筑实验室，计划用作 Tube 投资公司的研究中心。

开发商原本打算拆掉实验室建一个商业开发区，并得到了 1.2 万平方米新建筑的许可，但由于 20 世纪 90 年代初的房地产危机，没有找到对其计划感兴趣的收购人，只好又把整个地产投到了交易市场。我们去看了一下，马上就被吸引住了。此地产位于开阔的地段，通往剑桥的剑河在其旁边流过。迈克尔和我知道，那个实验室只要数月时间就可变成基因组研究场所了。有充足的空间可供利用，不过在郊外而且离分子生物学实验室有 13 公里远，有点美中不足。信托基金同意我们租用一年并进行改装。对 Tube 投资公司建筑的改造尚未开始，另一个将会对此项目的未来发展产生实质性影响的主要进展就已出现。

1992—1993 年间的冬天，我作为委员会成员参与讨论了欧洲分子生物学实验室 DNA 数据库的未来发展问题，此组织是由一些国家联合资助的国际研究机构。它作为三大国际序列数据储存库之一（其他二者为基因银行和日本的 DNA 数据库），依然坐落在欧洲分子生物学实验室总部德国的海德堡。委员会那时正讨论不仅要发展序列库而且要建立欧洲生物信息学研究所，此研究所将在存储数据的同时开发计算机工具来对其进行研究。德国人建议将其也建在海德堡，而且已得到建筑许可并可马上动工。

　　果蝇遗传学家迈克尔·阿什伯纳（Michael Ashburner）当时也在这个委员会。他想要说服数据库的主管格雷厄姆·卡梅伦（Graham Cameron），把整个机构转移到英国来，我也支持他。威康信托基金与医学研究委员会对这个动议很感兴趣，他们立即建议此研究所应设立一个公平的竞争机制，而不是默许建在德国。于是我们准备进行竞标，但马上遇到一个障碍：威康基金和医学研究委员会都没有一个合适的场地。迈克尔·摩根提议辛克斯顿，虽然那时信托基金实际上并没有得到它的所有权。威康信托的董事们很快决定买下整个地产。因此这些大言不惭的英国佬突然提出申请建立欧洲生物信息学研究所并且赢了，原因仅仅是研究所应紧邻欧洲最大的测序中心而建。

　　这个突发事件把我们留在了辛克斯顿。虽然起初只想建个临时实验室，还未决定是否永久待在那儿。此项资产花费了将近二三百万英镑，在当时资金市场低迷的状态下确实是一笔真正的好投资。赢得生物信息学研究所的竞标，促使威康依托基金在这个地区进行更大的投资。1993 年 4 月搬迁到重新装修的实验室时，我们已经计划要把它建为精致的现代化实验室，四周有池塘及绿地，还要把辛克斯顿礼堂装修为会议中心。研究所将建在邻近位置，而医学研究委员会在 1994 年也把它的人类基因组作图资源中心转移到这儿，这就是威康信托基金基因组园区的由来。

我们决定将新实验室命名为桑格中心，以褒奖弗雷德·桑格这位世界上第一个进行 DNA 测序的人。于是给弗雷德打电话征询用他的名字命名这个中心的任务就落在了我身上。我拨他的电话号码时手指有些发涩，担心他会作何反应，弗雷德是出了名的不愿抛头露面。他接受了，但有一个条件。他说："只许成功，不许失败。"就像以前在赛奥赛特一样，我又有了壮士一去不回头的感觉。1993 年 10 月，在搬迁后的前几个月里，我们举行了一场揭幕式来庆祝，弗雷德亲自揭开了纪念牌，我们给了他一个通行卡以便他随时来参观。

有了钱和房子当然不错，但桑格中心的成功与否将取决于我们找来怎样的管理者。当这个问题一被提出来，我就认识到需要一个优秀的管理者，我自己以前没有担任过类似这样的职位。但说我除了领导线虫的测序小组外就没有承担过别的职位也是不对的。不久前，阿伦就任命我为分子生物学实验室基因组研究部的负责人。当悉尼在 1986 年离开后，留下了一个称为主任办公室的松散机构。作为权宜之计，阿伦继任后觉得最好将它完整保留下来并由我负责。阿伦说过："对我来说，虽然约翰总是逃避，但事到临头还是认真负责的。"即使如此，主持他的基因组研究部不过是继续领导独立的科学家，与往昔并无二致，而雇用几十个人运行基因组测序中心则大大不同。当时我尚未完全意识到这一点。我马上就得直接面对的日常事务是我以前没有经历过的。我真的需要一个具有实际管理技能的人来帮忙了。

简·罗杰斯（Jane Rogers）从在剑桥进行科学研究转为在伦敦的医学研究委员会总部从事科学管理。但是她和一个需要照顾的小儿子住在剑桥，感到两地往返有些困难，所以请求是否有可能迁回剑桥工作，这样他们就派她和我谈谈。艾伦·库尔森和我在我家的客厅与她见面。说起这次经历，她回忆道："糟透了，他俩不停地要我喝雪利酒，然后问我是否能把办公大楼改建成实验室。"那么直截了当，这是我们进行的许多面试中的第一次。然后后来我和简就站在同一阵线了（我通常在五分钟后就知道能否和一个人共事，然后就变成要么是共享交谈之乐，要么是设法尽快逃出房间）。我告诉医学研究委员会我们极想聘用简。大约在1992年年中，她每星期在我们这儿待上两三天，大部分时间仍旧在分子生物学实验室。我们必须做的第一件事情就是向信托基金写一份正式建议书，这将成为我们尚未命名的基因组研究中心的蓝图。我写了一个草稿，并在晚上骑车回家经过简的家门口时留给了她，以便她第二天早晨接着写。我以前唯一写过的建议书是关于线虫测序的，而且鲍勃写了许多。但是通过她在医学研究委员会总部工作的经验，简确切地知道基金组织的要求。她说："我知道如何写下必要的东西，并使它看起来确实可信。"她在整理预算部分起了很大的作用，使各类数字分毫不差。

下一个问题就是哪些科学家将迁到新的研究中心，当然所有的讨论都在同步进行。这是威康信托基金和医学研究委员会的共同事业，但是显然从一开始这个伙伴关系在资金上就不对等。医学研究委员会能拿上桌面的，除了他们对测序线虫的资助外，就是他们在分子生物学实验室所培育的专门技能，而在那儿，巴特·巴雷尔的基因组测序量最大，他现在正着手酵母的研究，迫不及待地要抓住就要到来的机会。巴特说：

> 去哪里，这是显而易见的。如果不是威康信托基金，那么在分子生物学实验室酵母基因组测序将不会进展得那么快。我们每年都得到同样的基金，尽管资助相对越来越少，我们还是争取多做一些，更多的人不得不挤在一起。技术进步了，我的效率就更高。没错，我别无选择，测序搬了，我只好跟着走。

我们需要负责生物信息方面的人来开发软件用于处理数据、分析信息并展示结果。开始我们期望罗杰·施塔登加盟，他为分子生物学实验室开发测序软件已有多年，开始就他自己，后来变成了一个组，施塔登程序包已广为流传。他最后决定留在分子生

共同的生命线——
人类基因组计划的传奇故事

物学实验室，但仍继续与我密切合作。理查德·德宾曾经和琼·蒂里－米格一道开发了用于处理分析线虫序列的 ACeDB，他搬到了这个新中心的生物信息部，后来成为副主任。

如果我们继续研究人类 DNA，我们需要了解它的人。所有的 DNA 都很相似，因为它们都由同样的碱基 A、T、C 和 G 组成。比如和线虫相比较，对测序仪来说，人类 DNA 显示出特有的困难，一则是高比例的、高于 98% 的非编码区域，再则是事实上多达一半的非编码 DNA 以重复的形式出现。这些重复序列将使得拼接由机器读取的 DNA 片段有点儿像在做拼图游戏，这些片段要么呈现绿地，要么呈现蓝天。除了读取人类 DNA 的技术困难外，还有人类遗传学们关注的人类致病基因，我几乎一无所知。我们需要在人类遗传学阵营中占一席之地的人，同时他也应对人类基因组兴趣浓厚。

从一开始我就想起戴维·本特利（David Bentley），当时他在伦敦盖伊（Guy）医院的遗传部工作。戴维从事凝血因子 IX 基因变异的详细分析，该基因位于 X 染色体上，其突变可导致血友病。他也对绘制较大的基因组图谱感兴趣，并且清楚地懂得，从长远来看基因组的绘制和测序将使得对致病基因的研究获得总体上的突破。他说：

我们试图从 IX 因子转到大约上万个碱基的相关位置上去，但我们做不到。一下子整个事件变得非常清晰，我们需要了解基因的方方面面，我们需要得到所有的基因——其目的是做更深入的研究而不是浅尝辄止。

初期，戴维和在圣路易斯的梅纳德组的伊恩·邓纳姆（Ian Dunham）及埃里克·格林（Erie Green）建立了合作，已把X染色体的肌营养不良病区域制成了酵母人工染色体图谱。此后，伊恩在梅纳德那儿读完博士后，回到英国并加入了戴维的实验室。他们开始了对整个第22号染色体的绘图，该染色体是人类最小的染色体之一。

在此期间，戴维常常到分子生物学实验室拜访艾伦和我，谈论有关指纹图谱的问题，并向理查德请教ACeDB，这个数据库经查德修改后可以用于处理人类数据。他说："我总愿意到那儿走走，谈论技术问题让人心情舒畅，不必担忧研究遗传的目的。"所以当我开始考虑需要谁来打点人类基因组时，戴维就成了首选人物。无意之中，我挑了一个相当尴尬的时刻联系他。当我的电话接进去时，他正在和系领导马丁·博布罗（Martin Bobrow）开会。没有顾及他的微妙处境，我直截了当地说："我不绕弯子了，你愿意和我一道建立一个研究所吗？"由于吃惊，戴维说他当时差点儿从椅子上滑下来。随后他踌躇不决、无以为应。但很快他就接受了。他说：

我已深深地融入盖伊的实验室中，正是那个电话才使生活有了转机。很显然基因组研究需要加强，但如果不是桑格中心

共同的生命线——
人类基因组计划的传奇故事

的出现，又到哪里找到足够的资金呢？只能去做点点滴滴的染色体研究，专注于遗传学问题，别无他途。

戴维带来了他自己有关 X 染色体的项目，连同伊恩·邓纳姆和第 22 号染色体的绘图成果，所以从开始我们就有了人类基因组的王牌项目。

我认为，由我、艾伦、简、理查德、巴特和戴维组成的团队将实施、管理新研究中心的各个方面。但是威康信托基金要求我们有一个特许会计师来管理财政及有关法律的事务。对我们来说那是一个局外人，医学研究委员会从未有过这样的规定，因为这些事情是由总部来处理的。但因为我们是由威康信托基金和医学研究委员会共同投资的，所以名为基因组研究有限责任公司（Genome Research Limited）的管理公司就成立了，同时需要一个合格的公司（主任）秘书。因此一个看起来很时髦的广告就出现在《泰晤士报》上，信托基金招聘了一位和蔼的苏格兰人默里·凯恩斯（Murray Cairns），他曾在巴斯（Bass）公司做了多年管理工作，由于酿造业的大改组而被裁员。为更加明确简和默里各自的责任，简担任了科学行政官，而默里则担任公司事务部主管，简后来把权力转交给克里斯廷·里斯（Christine Rees），而成为测序部的领导。我们起初担心默里会用官僚作风来绑住我们的手脚，后来我又听说威康信托基金希望他作为监察人来盯着我们。撇开起初被灌输的观念，他很快被我们同化并成为一名勇敢的斗士，代表我们反对在尤斯顿路信托基金总部的因循守旧分子。他也使我们意识到作为管理者的不足，并逐渐使我们懂得，在这样一个既是工厂又是实验室的环境里，学一点儿管理技能是必要的。在这些年里，默里和我共度的时间越来越多（尤其是在辛克斯顿的红狮酒吧），并相互学到了很多。

艾伦、理查德、简、大卫、巴特、默里和我组成了我们的团队，并成立了新中心的管理委员会（称为 BoM）。时至今日，默里和我已经退休，团队的其余最初成员仍在一起共事，成为他们敬业精神和优秀卓越的团队合作的明证。在我们搬到辛克斯顿的头一年里，员工从 15 人增加到 80 人，并随着时间的推移继续增长。我和简承担了第一批员工的招聘任务，我们需要他们来充实测序部。我们把第一批广告发布在《剑桥晚报》（*Cambridge Evening News*）上，招来的人从辍学者到哲学系的毕业生应有尽有。根据简的叙述，我使分子生物学实验室震惊的是招来的人员没有任何学术背景。她指责我偏袒当过酒吧侍者的女性。很明显，我确实对实际能力更感兴趣而不是文凭。

我也不得不习惯于同事的离去。开头我感到不感情用事很难——这些同事为什么就不能按照我的要求去做呢？此后我体会到两件事：一是组织和人员变化发展太快，一个人在一个阶段称职未必到最后也称职，人员的变动是正常的，也是符合事物发展规律的；二是正如大学一样，我们实际上正在训练和培养人才，以便为产业的需要做出实际的贡献，尤其是对英国的产业，即使

共同的生命线——
人类基因组计划的传奇故事

我们不能出售什么。

我学会了和管理委员会分享每件事情，并且尽可能多地传递信息。有太多的事情要做，以至你必须与更多的人拆分计划，更不用说分头执行了。我赋予自己主席的角色，期待着出了问题有人向我说一声就行了，并不觉得一定要通过什么正式程序。但默里说服我们去参加一些管理培训，那才真正地打开了我们的眼界。所有管理委员会的成员在周末都去拉特兰郡的一家旅馆参加强化训练，授课老师来自一家专业管理培训公司。老师做的第一件事就是把他对我们约 100 名员工进行调查的结果展示给我们，调查结果表明他们对我们的管理技能评价相当低。他们中的一些人很不满意——说我们做得还不够。我十分窘迫，没想到会如此糟糕。尽管在实际团队训练中不乏戏谑欢闹，但我们意识到我们的确有东西可学。那个周末之后，我们围绕整个组织制定了一个更正式的管理框架，并逐渐提高管理水平，由此为表现出色的人提供一个良好的职业发展前景。另外一个重要的结果就是我们体会到在周末像那样聚在一起是多么的有价值。此后每年我们有一次进修——其目的倒不是为了更多的管理培训，而是讨论中心的科学管理政策和思考我们正在做的事情。

和我工作到 1989 年的那个单位相比，桑格中心有着完全不同的氛围。在此之前我们波澜不惊地打造着线虫谱系，绘制着线虫基因组图谱。事实上，我的一些老同事和朋友不能掩饰他们的惊讶，我本该在此职位有个了结的。我记得在我们迁到辛克斯顿一年后，我和鲍勃·霍维茨站在旧演讲室的窗户边，看着地上的大坑，那儿将矗立起我们新的实验楼。"约翰，"他问我，"你真的知道你正在做什么吗？"我回答说我认识到那将是一个大的变化，我想它非常重要，所以我准备做任何必要的事情去促成它。对我本人而言，我并不把它看成改弦更张，只不过是达到目的的手段而已。我总是认为一旦它步入正轨并继续运行，我就能回来做一些更切合实际的事情。我把艾伦在海德堡附近的树林里散步时留给我的警示——你绝不可回头，丢在了脑后。

在许多方面，事情像以前一样继续进行。最重要的是与圣路易斯的合作不仅经受住了变化的考验，而且变得更为紧密了。我们从医学研究委员会获得用于线虫测序的1 000万英镑之后6个月，国立卫生研究院拨出资金来扩建鲍勃·沃特斯顿的实验室。这两件事是相关联的，鲍勃·沃特斯顿对此毫无疑问。"很显然当威康信托基金和医学研究委员会将建立更大的测序基地的时候，"他说，"同样的事对于国立卫生研究院的拨款者来说就变得顺理成章了。"与此同时，他还获得了更大的空间，并在大学新近获得的办公大楼的四楼建立了华盛顿大学基因组测序中心。

直到1993年底，我们在线虫基因组测序方面的合作不仅是世界上最富有成效的，而且是规模最大的。在头三年中，我们轻松地超过了产出300万个碱基的测序目标。除此之外，巴特小组正在测序酵母基因组，戴维也正在提取我们最初的人的黏粒。但是当我们开始为自己博得声誉的时候，有迹象表明，私营企业能和公立项目做得同样好，甚至更好，还可以更快、更经济。在这方面第一个要数克雷格·文特尔。他在国立卫生研究院由于缺乏进行基因组研究的支持而遭到挫败，于是在1992年7月辞职，并在马里兰州罗克维尔市建立私人投资的、非营利的基因组研究所（TIGR）。

克雷格于1984年进入国立卫生研究院的一个内部实验室，花费多年心血寻找细胞表面受体分子的基因，它可识别神经递质之一的肾上腺素。在获得了一台第一代应用生物系统公司测序仪后，他开始集中精力通过表达序列标记开发一种更快的寻找基因的方法。这种技术是在麻省理工学院由保罗·希梅尔（Paul Schimmel）和他的同事在1983年开发的，用于寻找肌肉组织的基因。它可从组织中提取RNA并将其作为模板来产生互补DNA，即cDNA，从而分离基因的蛋白质编码序列。在cDNA末端每测序150~400个碱基就会出现一对唯一的标记。用这些表达序列标记探测公共数据库中的序列，你会发现它们是否为已知的基因，是否和其他物种的基因有相似性，或者是否来自以前未知的基因。到1991年春，克雷格已经完成了他的第一批来自脑组织的表达序列标记测序，并写信给吉姆·沃森建议，与其测序人类染色体的DNA及面对拼接和解释的重重困难，基因组计划可以资助他扩展表达序列标记的蛋白质编码区域。但是基因组研究中心仍坚持其绘制整个基因图谱的最初策略，尽管后来证明表达序列标记在绘制基因组图谱方面是非常有用的，专家组还是拒绝了克雷格的提议。

虽然公开宣称表达序列标记策略优于基因组测序，表达序列标记更经济、更有效，但克雷格并没有怎么改变他的处境。他于1991年6月在《科学》（Science）杂志上发表了有关表达序列标记研究的首篇论文，而这时他仍旧在国立卫生研究院实验室做研究。在同一期杂志的新闻中，他这样描述了他的策略："和人类基因组计划相比，该方法便宜多了……我们一年只花几百万美元，而不是几亿美元。"虽然他又说，"cDNA方法并不排斥人类基因组计划。"很明显，他想通过他的公开声明使策略发生转变——这是他后来经常采用的手段。

我们已经亲身感受到了克雷格的争强好胜。在那一年的某个时期，我们听说他的实验室正在进行线虫表达序列标记的测序。我试着不去想他在和我们竞争；已经有不少关于我们获得测序资助的报道。后来我们召开了电话会议，在交谈中克雷格强烈主张表达序列标记是一个找基因的更好方法，并且他还能发现我们漏掉的基因等。事实上，我们过去用来自动地在序列上寻找基因的程序是很不成熟的，但是毫无疑问从长远来看，测序完整的基因组将是找到所有基因的唯一途径。我认为克雷格的挑战对我们正在做的事来说是一种威胁。当我们只有几十个基因的时候，如果他的实验室每次都能找到大量的线虫基因，这对我们未来筹集资金没有任何好处。

在1990年年末，我们已经开始考虑测定我们自己的表达序列标记。鲍勃认为基因组测序的同时兼顾一批表达序列标记是一

共同的生命线——
人类基因组计划的传奇故事

个好主意，尽管这不是我们原先的计划，但是我们估计能负担得起。克里斯·马丁（Chris Martin）刚从哥伦比亚大学马蒂·查尔菲（Marty Chalfie）的实验室（当时他正在研究机械感应突变体）搬到了华盛顿大学鲍勃的系里，他已经建立了线虫的 cDNA 文库。鲍勃说服他让我们从该库中测序表达序列标记，于是他拷贝了该库并寄送给我们，以便我们双方各做一半，并于 1991 年 4 月开始进行。我们把这个项目称为对线虫基因的"概览"——这意味着不是追根究底，只是表明有这么一系列基因而已。我们的论文在 1992 年初与克雷格实验室的有关线虫表达序列标记的论文一同发表在《自然遗传学》（*Nature Genetics*）的第一卷上。这样做真是好处多多，我们现在可以说，瞧，我们能做得和其他任何人一样好——现在我们该回到基因组测序的老本行了，谢谢您了。

我把 cDNA 看成达到目的的手段，而非目的本身，它无法提供所有的基因。同一期新闻报道中说，在有关人类 cDNA 的《科学》论文中，克雷格估计他的研究涵盖了百分之八九十的基因，同一篇文章中引用了我的话"百分之八九还差不多"（那是我的一句玩笑话，我只想强调百分之八九十是乐观的估计。从此我认识到再也不要和记者开玩笑了，幽默感并不是他们日常工作的一部分）。同样重要的是，仅仅 cDNA 并不能提供有关基因组调控区域的信息，而这决定了基因的起始位置。为了完全认识基因组，唯一的选择就是测序整个基因组。

当然，美国国立卫生研究院的国家人类基因组研究中心其实可以把表达序列标记研究看作一种补充，资助克雷格及其他基因组研究中心。鉴于后来发生的事件，很不明智的是，他们当时没有那样做。克雷格责备国立卫生研究院外研项目的基因组研究人员阻碍了他的发展。"外研项目基因组的科学家们并不想让基因组研究资金用于内研项目。"他后来告诉国会的一个委员会。由于他所在的研究机构不支持他，克雷格备感挫折，因而他转向私人机构寻求资金来源。几乎与此同时，令人啼笑皆非的是，我和鲍勃正在和伯克打得不可开交。我们和克雷格做出了截然相反的选择。

华莱士·斯汀伯格（Wallace Steinberg）是保健投资公司（Health Care Investment Corporation）的总裁，为克雷格的新机构提供了多达 7 000 万美元的资金。基因组研究所将是一个非营利的研究机构，而克雷格将能发表他的研究成果，继续从事学术研究。与此同时斯坦伯格建立了一家相应的商业公司——人类基因组科学公司（HGS），并把基因组研究所的研究成果推向市场，同时任命威廉姆·哈兹尔廷（William Haseltine）为首席执行官。哈兹尔廷曾在哈佛大学达纳 - 法伯癌症研究所（Dana-Farber Cancer Institute）从事艾滋病病毒 HIV 的序列研究，通过投资兴办生物技术公司变得富有起来。他们所做的交易是，在公布前 6 个月时间里人类基因组科学公司独家享有基因组研究所的表达序列标记的权利，如果序列被证明能用于药物开发的话，可延长到 12 个月。在那之后，科学家们将能畅通无阻地访问基因组研究所数据库，但是商业公

共同的生命线——
人类基因组计划的传奇故事

司将可以通过连带授权进行任何商业开发。几乎同时，该公司将优先访问信息的独家许可权以 1.25 亿美元卖给了制药公司史克必成（SmithKline Beecham）。克雷格从一开始就获得了人类基因组科学公司的股份，几乎一夜之间成为坐拥数百万美元的富翁。

基因组研究所仍然是一个非营利性组织，并且一直是许多公立投资项目的重要参与者。但我认为他和人类基因组科学公司的交易损害了他的学术正直性。我感到他什么都想要：取得同行们对他的科学研究的认可和称赞，保守他的商业伙伴的机密，并分享生成的利润。显而易见，这种切出一块蛋糕自己吃的方式成了他的风格，也促成了克雷格后来利用私人投资进行整个人类基因组测序的举动（参见第五章）。

克雷格在基因组研究所优先考虑的就是测序人类表达序列标记。尽管他屡次声称"开发"了利用表达序列标记发现基因的方法，但他绝不是这个策略的第一个诠释者。悉尼·布雷内从不赞成大规模基因组测序，但早在 20 世纪 80 年代中期关于人类基因组计划最早的一些讨论中，他就赞同 cDNA 测序可以作为基因组测序的替代方法（他的理由是"我们应该留下一些东西让后人去做"）。在 20 世纪 80 年代末，测序 cDNA 成了他分子遗传研究的一个重要部分。克雷格所做的就是，把表达序列标记策略和基于应用生物系统公司的荧光测序仪的高通量方法结合起来加速候选基因的发现。这算不上什么成就，也说不上是一个新颖的策略。

然而，基因组研究所在测序第一个非寄生生物嗜血流感菌中拔得头筹，该细菌能引起胸腔和喉咙感染及儿童脑膜炎。克雷格正在和约翰·霍普金斯大学的汉密尔顿·史密斯（Hamilton Smith）合作，史密斯在 20 世纪 60 年代末发现了限制性内切酶，并因此开创了 DNA 重组技术的新纪元。史密斯和基因组研究所的科学家们从事嗜血流感菌的研究，绕过基因组图谱绘制阶段，用鸟枪法一次打断总长为 180 万个碱基的基因组，通过计算机搜索重叠区来进行组装，这与弗雷德·桑格和他的同事曾用的组装病毒基因组的方法一样。基因组研究所的科学家们继续运用全基因组鸟枪法测序其他的病原细菌，诸如引起胃溃疡的幽门螺旋杆菌。

克雷格推崇表达序列标记并未得到人类基因组计划的认同，但在私营公司中掀起了一场基因组淘金热。忽然之间，人类基因组变得奇货可居了。除了人类基因组科学公司，另一个赶风头的是加州帕洛阿尔托的因赛特（Incyte）制药公司，后来成为因赛特基因组学公司。该公司共同创办人之一兰迪·斯科特（Randy Scott）在《纽约时报》上读到了有关克雷格的表达序列标记研究的报道后，改变了苦苦挣扎的公司策略，从试图分离可能用于药物开发的蛋白质转变为通过表达序列标记测定制备人类基因目录。很快，许多大制药公司排队来买他的产品。与克雷格不同，斯科特首先是一个商人。该公司的赚钱方式是出售数据库的使用权，然后对那些已被授予专利的序列收取用于商业开发的专利权使用费。

五年前，基因组企业家发现筹措资金几乎不可能。美国哈佛

共同的生命线——
人类基因组计划的传奇故事

大学科学家沃尔特·吉尔伯特和弗雷德·桑格由于基因组测序的另一方法共享了1980年的诺贝尔奖,吉尔伯特在1987年因试图将基因组计划变为私有而震惊了他的学术同事们。他想建立一个像工厂一样的基因组公司,并向学术界和工业界出售克隆、数据和测序服务,但是由于当年10月股市的崩溃,他的想法随之破灭了。与此截然相反,从1992年起大学里的基因组科学家们发现风险资本家们踏破了他们的门槛,不少人一拍即合。吉尔伯特通过和犹他州大学的马克·斯科尔尼克(Mark Skolnick)一道开办Myriad遗传公司而重整旗鼓,主要开发研究致癌基因的相关产品。人类基因组计划的元老之一埃里克·兰德(Eric Lander)来自麻省理工学院的怀特黑德(Whitehead)研究所,丹尼尔·科恩(Daniel Cohen)来自巴黎的法国人类基因组研究中心,他们在马萨诸塞州剑桥共同创立了千年制药公司(Millennium Pharmac-euticals)。许多其他类似的公司纷纷宣告成立。

这些保密协议不免带来利害冲突。商业公司自然倾向于保持其产品的专有控制权,无论是通过拥有专利还是保守商业机密。依我看来,基因组计划的目标就是提供尽可能多的信息,以便所有的人及公立和私有组织自由利用,以促进我们对基因组的理解及新药物和治疗方法的开发。对于公司保护其发明权,例如出售药品或者诊断试剂,过去我认为没问题,现在也一样,但是如果让其获得包含序列本身的信息的专有权,那才是真正的危险。这意味着其他人将失去创造性地利用这些信息的动力,科学和医学研究资源将因此而变得更加贫乏。

从桑格中心成立伊始，我们就不断地接待公司和企业家们的访问，他们渴望和我们做生意。我的回答总是我们没有什么可以卖的，鲍勃也是如此。我有点担忧这样做或许使英国错失了许多机会。我总觉得，对鲍勃来说，由于美国有如此庞大的风险资本，这种风险是担当得起的。美国还有许多其他测序中心供风险投资家投资，但是在英国仅此一家，因此我们的所作所为将会是决定性的。威康信托基金是一个慈善机构，不能直接投资做生意，但我们可以通过其技术转让部门间接地出售我们知识产权的许可证。的确，从一开始我就在布里奇特和迈克尔的压力之下考虑这样做。这之后就有了一个晚上我与迈克尔在冷泉港布莱克福德酒吧的交谈（想不起为何一定要穿越 5 000 公里和他进行这次重要的谈话），当时我说如果不能自由公布数据，我只好辞职。我的想法被康威信托基金的许多董事认可，并因此成了它的政策。

在线虫研究群体中，不会有这类问题。不会有人由于线虫基因而发财，差不多每一个人（或多或少）都对信息共享感到高兴。线虫图谱和日益增多的基因组序列已经非常有效地提高了每个人的工作效率并拓展了这个领域。但是对于人类基因组又是另外一回事。桑格中心一开始运行，商业化的压力就挥之不去。那些寻找特定基因的人要么期望保护他们的专利，要么害怕其他人抢先一步，这造成了彼此猜疑的氛围。在我们宣布对人类基因组进行大片段作图并测序的目标后，我们不可避免地在某些方面被视为威胁，而不是有用的资源。

　　有一个例子是在1994年的第22号染色体的研讨会上。当时伊恩·邓纳姆领导的桑格小组被另一个绘图小组指控隐瞒数据，以及利用其他人发现的标记而不予致谢。实际上伊恩的方法并没有什么秘密可言——只是他的观点包含了整个染色体而不是其中的一小部分，同时他也低估了别人在其领域专有的欲望。国际人类基因组组织举办的一系列染色体研讨会，主要是收集和比较人类遗传数据，但要让与会者适应崭新的基因学氛围并非易事。我看到了研讨会对两个学科进行整合的潜在价值，但我们首先还得解决我们这些新人入侵遗传学家领地而产生的宿怨。许多这种小组更愿意独自进行基因组图谱绘制和小规模测序，但这种做法将会花费太多的时间及金钱，而且人们已认识到扩大测序规模将是降低成本的关键。我希望我们找到一种方法让所有人都适当参与进来，但我们也不得不面对现实的经济问题。

　　取得公众信任的关键一步就是制定一个绝对规则，使在桑格中心产出的序列将被立即存放到公共数据库中，不管是线虫、酵母还是人的数据。这完全是我们以前在线虫图谱中的做法。任何人前来要求我们为一个特定的克隆测序，都必须接受我们将不会把数据留存起来，给他们时间去寻找获得专利的机会。一旦测序结束，数据马上就会被存放到公共的序列数据库，所有人都能看到。这种方法不仅有助于科学的发展，也将使序列本身无法取得专利。专利的机会将只对那些真正从事序列研究，以及基于此发现而开发商业产品的人开放。立即公开数据也将保证用户能直接得到数据，避免任何重复浪费，同时证明我们自己的实验室并没有从中获利——用通俗的话说，就是消弭争端于无形之间。这有两方面的实际意义：一是对我们所做的事有一个快速的反馈，二是为这些所谓花钱太多的大型项目赢得研究群体的支持。实际上，用在测序项目上的资金还不到生物医药研究总预算的1%，而通过让数据免费共享，我们确信每个人都能从中受益。

我们做了实际的考虑，使这个策略不仅仅只注重实效，或者短期效应。事实上我们逐渐认识到，我们不能把产出并处理的基因组序列仅仅看作一种商品，它是生物遗传的本质，是生灵万物的说明书。从线虫开始我们就认识到这一点，而且我们在建立桑格中心的计划中也谈到这个观点。现在我们的测序仪产出的信息正是我们自己物种的编码序列。处理人类基因组序列的唯一合理的方式，就是说它属于我们全人类——它是我们全人类共同的遗产。

第四章

舍 我 其 谁

我抛开顾虑，抢了团队其他成员的风头。我坐在轮椅上，力图劝说威康信托基金的主任布里奇特·奥格尔维、迈克尔·摩根及信托基金的其他代表，说明我们应当立即加速测序，将原计划提前4年，在2001年以前完成人类基因组的大部分工作。当时是1994年12月1日。此前5天，我驾驶摩托车时发生了事故，撞碎了骨盆，被送到医院时已经不省人事。尽管行动不便，但还是对自己的新想法兴奋不已，认为任何事情也不能阻挡我，而信托基金的人看起来也同样兴奋。

　　是鲍勃·沃特斯顿提出了加速项目进展这一大胆的计划。1994年9月初，他和来自华盛顿大学的几位同事一起参加联合的实验室年会——意义重大的会面，在会上他提出了这个建议。鲍勃发现我那时不仅被政治事务搞得疲惫不堪，而且对项目如何进行感到疑惑不解。和往常一样，他与达芙妮和我待在一起，我们谈了很多。

　　这是充满困惑的一年。桑格中心飞速壮大，并逐渐为科学界所瞩目。越来越多的事实表明我们绝非昙花一现，同样也面临更多的挑战，第22号染色体就是一个例子。很显然，如果这个只有1%份额的基因组项目还纷争不断，我们将无法完成任务。幸好那只是草创阶段，我们还有一点儿时间来处理政治问题，所以很有必要争取广泛的一致。

为人类基因组测序工作奠定基础虽然重要，但我们自己的首要任务是继续为线虫测序。线虫和酵母项目是桑格中心最重要的任务，关系自身的学术信誉和技术发展。线虫项目完全由医学研究委员会资助。威康信托基金希望尽快看到更多的人类基因组序列，与此同时，他们正在为桑格中心建造一座壮观的实验楼作为永久研究基地。只有得到人类基因组序列，才能证明大笔投资于威康信托基金基因组园区这样一个高姿态的项目是值得的。然而，说这些还为时尚早：图谱绘制正在进行，但是旧中心的空间有限；精细完成图谱部分的工作进展易于加速，然而还有太多的问题亟待解决。实际上，我们按照原先的计划执行得很顺利，但工作的压力依然很大。鲍勃到来之前，我曾在电话里和他讲过一些令我担忧的事情，但现在我们不得不面对面地谈论这个难题。一个夏日的晚上，他在我花园里的餐桌旁坐了很长时间，充满同情地听我诉说，而且对我处于如此压力之下十分关切。

返回位于圣路易斯的家中后不久，鲍勃给我发来一封标题为"一份不妥的计划"的电子邮件。其中全都是完成人类基因组的策略，而以目前的标准来看，在如此短的时间期限里是不可能实现的。最初的几页讲述了我们各自如何将测序工作加速到每年2

亿个碱基（当时，这个数字是 1 000 万或更少）。接下来讲了很多细节，包括需要多少设备和人员，如何运行设备，以及总成本是多少。这个计划和我们原先的尝试相去甚远，强调尽快测序而且应用自动化的组装和编辑过程，以完成可靠而不是绝对正确的序列——99.9% 而不是 99.99%。我们将继续应用较慢的人工修正法，但比现行的每年 1 000 万碱基的速度会快一些。换句话说，他的想法是先做出基因组的草图（质量要比人们在 2000 年庆贺的那一个好一些），继而在日后的工作中逐渐迈向金标准。鲍勃估计我们能够以每年 2 000 万美元，平均每个碱基 10 美分的预算，获得 2 亿碱基接近完成的序列和 1 000 万碱基的完成序列。这比 10 年前所预计的成本要低一个数量级。鲍勃做了如下结论："我希望你们每年做 2 亿碱基，我们也做 2 亿，而且考虑第三方的加入，这样的话从 1996 年起整个基因组能够在 5 年之内完成。"

我后来得知，这些想法源于鲍勃在返回圣路易斯漫长乏味的飞行途中的构想。他有一块带计算功能的手表。

我坐下来计算数字——多少测序片段，多少克隆，多少设备等。正如我们所知，难点是如何完美地将序列组装起来。我推算了这些数字，发现它们并非不切实际，只是序列应当尽善尽美这一想法是不现实的。我认为我们至少可以尽力推动人类基因组计划的进行。我们已经通过发布线虫的序列积累了很多经验，并且得到了社会的赞赏，正是这些激励了我们的研究工作。我有足够的信心并相信我们所承担的长期任务能够圆满完成。这是可行的，我们做得到，所以我在走出机舱的时候感到非常兴奋。

里克·威尔逊采纳了这个想法，尽管他讽刺道，圣路易斯实验室以后会禁止鲍勃戴计算手表上飞机：按钮和鲍勃缺氧的大脑结合到一起，这对每个理智的人来说都是绝对危险的。

我也很快意识到我们能够做到。在位于圣路易斯的华盛顿大学基因组测序中心和位于辛克斯顿的桑格中心，鲍勃和我领导着世界上两个最具生产力的基因组测序实验室。我们各自负责着由上百人和数十台设备组成的团队，大家像在工厂里一样按计划生产，以保证每周7天不停地产出序列，与此同时，也在不断地改进分析序列的工具和产出序列的技术。截至1994年提速以前，我们桑格中心已经接近完成了目标，即在头5年内完成人类基因组4 000万碱基，同时也完成了对线虫和酵母基因组的测序工作。其间，测序的自动化过程一直不断得到改进。

一个很重要的进展来自圣路易斯。自从1989年以来，鲍勃一直与遗传系的同事菲尔·格林（Phil Green）合作。菲尔接受过数学的专业训练，而且乐于应用数学方法解决生物问题。当我们开始线虫测序的时候，他立刻着手开发序列组装和搭建基因方面的程序。1994年年底，当我们考虑进一步展开人类DNA方面工作的时候，他设计了一个比以前的组装程序好得多的软件PHRAP

（Phil's Rapid Assembly Program，菲尔快速组装软件）。用于人类基因组组装的软件必须注意如下事实：一半的 DNA 是由被称为重复序列的片段组成的，它们看起来很相似。正因为存在这些重复序列，将原始序列拼接成连续序列时，非常容易出现错误，但是菲尔的程序能够使重复序列得到最可能的拼接方式。1994 年，菲尔离开圣路易斯去了西雅图的华盛顿大学，与梅纳德·奥尔森合作。随后几年里，他们二人一直在关于人类基因组计划的讨论中，提出富有影响力和独创性的意见。

并不仅仅是因为我们有完成人类基因组的能力，而是鲍勃和我都深深觉得有必要完成这件事。尽管人类基因组计划在 1990 年承诺于 2005 年之前完成全部人类基因组，但一开始只是草拟了一份借助线虫测序经验的工作计划，而并未考虑实际测出序列的时间。1994 年底，公共数据库中的人类基因组还不到 1%，且其中大部分是 cDNA 而不是基因组序列。

同时，用于寻找基因的表达序列标记方法有很大的进展。两年中，基因组研究所的克雷格·文特尔和位于硅谷的因赛特基因组学公司各自建立起片段基因序列数据库。基因组研究所与其连襟人类基因组科学公司之间的协议意味着尽管学术机构能够查阅基因组研究所数据库中的表达序列标记，但人类基因组科学公司依据史克必成公司的排他性条款，拥有 6 个月到一年的排他性数据优先权。因赛特的数据库是私人产品，所以必须付费才能得到，而且公司仍保留继续开发的权利。尽管国立卫生研究院撤销了关于克雷格发现的表达序列标记的专利申请，但私人投资正在寻找其他途径来垄断人类基因组的基础信息，这对未来的发展有决定性的影响。

1994 年，出现了一名白衣武士——默克（Merck）制药公司，特别是它的副总裁艾伦·威廉姆森（Alan Williamson）。这些大公司并不比学术机构开心多少，尽管后者已经被那些只关心基因组信息商业价值的基因组公司气得暴跳如雷。默克公司资助了表达序列标记的产出工作，并向公众免费开放数据库。参与这项工作的包括美国公共实验室的一个委员会和作为其核心的圣路易斯基因组测序中心。鲍勃·沃特斯顿和里克·威尔逊得到了默克公司的资助，从 1995 年 1 月开始持续两年每周产出 4 000 个表达序列标记。默克公司这样做，不仅让整个学术界、公众及个人都能够免费得到宝贵的基因组数据，而且使得这些序列（也许是整个基因组）很难申请到专利。一旦这些序列在公共领域存在一年以后，它们就无法被申请为专利，而且对于任何一家公司来说，在如此短的时间内在大量的基因组数据中识别其中可能的基因，并理解它们的功能是非常困难的。

我认为默克公司的做法对于科学研究来说是一件了不起的事，也是免费获得基因组信息这一主张的胜利。但是鲍勃和我都知道表达序列标记数据库不足以发现全部基因，更无法揭示基因组的全部功能，这种方法需要依赖足够的 RNA 来制造 cDNA。某些基因的表达量很少，或只在一些特殊的组织中表达，这就意味着很难找到其 RNA。更重要的是，RNA 只与全部基因组 DNA 的 1.5%有关。而其他的 DNA 不一定直接涉及蛋白质编码，但绝对不是没有意义。为了理解活体组织如何以整体方式利用基因组信息，就只有得到整个基因组。回溯到 20 世纪 80 年代，那时候很难说服大家进行全基因组测序。现在，有了大量表达序列标记之后，人们有可能会再一次质疑对基因间的"垃圾"进行测序的意义。最好的答复就是去做分析，并且告知世人，这项工作对那些试图理解疾病成因的科学家来说是何等重要。

为什么要等？人类基因组计划的创建者们正期待着神奇技术的出现，并且已经投入大量资金以开发这些技术。但我们发现目前的技术已经可以做得相当好了。电泳看起来需要熟练的技巧并且很费力，但我们经常能发现更好的使用方法。应用生物系统公司即将研制出拥有更多通道的设备，而我们已经将原有的设备改进成可以运行 48 个通道的，并且讨论过 70 个甚至 96 个。他们和其他厂商都已经着手开发毛细管技术来运行样品——使用一根充满凝胶的细管而不是把胶铺在平板上。有人正在努力将提取克隆这类费时费力的工作自动化。在开发处理和分析样本所需的软件方面，我们的生物信息学团队给予了有力的支持。一切都在顺利运转。

尽管如此，当我看到鲍勃信中所写的内容时还是大吃一惊，但我很快意识到那并非荒诞不经。鲍勃不是容易冲动的人，恰恰相反，他非常冷静。他的自信心感染了我，立刻使我从忧郁中解脱出来，开始考虑如何有计划地启动被我戏称为"狂大基因组"的计划。

一开始我们就知道政治因素会成为障碍。尽管我们是周围最大的测序机构，但还是被视为和线虫打交道的家伙。世界上许多实验室都在卓有成效地进行着人类基因组作图工作，而且开展了很长时间。他们无疑都在期望有一天转入基因组测序。他们大部分是进行逐个基因的测序，少数一两家有财力的已开始大规模基因组测序。我们恰好可以被视作入侵者，遭人诟病。我认为这种观点在包括法国、德国和日本在内的国际基因组实验室中尤为突出，以至在做正式协议时为了不显得过于排他而如履薄冰。鲍勃赞同我的想法，同时指出根本不可能取悦每一个认为自己应该参与进来的人。我们在线虫项目中的双边合作没有摩擦并且获得了成功，只是基因组测序项目的一个特例。鲍勃承认基因组测序项目的狂放正是它的诱惑力之所在。其他同事如里克·威尔逊也认为这个大胆的计划有着很大的驱动力。但是他同样认为，仅仅由两个中心来做全部的事情会让很多人失望，所以我们决定各做 1/3，而给其他人留下另外 1/3。

我们也知道面临的实际操作问题。在线虫项目中我们拥有覆盖整个基因组的克隆集合，随时可以进入测序流程，对于人类基因组项目，还没有这样适用的克隆。对人类 DNA 克隆的制备，如线虫项目中做过的细菌黏粒 DNA 克隆，还存在技术问题，尽管有酵母人工染色体克隆图谱存在，但其质量水平参差不齐。人类基

共同的生命线——
人类基因组计划的传奇故事

因组的第一张物理图谱是由丹尼尔·科恩在法国人类基因组研究中心完成的。科恩是位于巴黎的人类多态性研究中心（CEPH）的主任，依靠法国的肌营养不良病协会的资助于1990年创建了法国人类基因组研究中心，使之成为第一批大规模基因组测序"自动工厂"中的一个（法国人类基因组研究中心的创立是我计划在英国建立桑格中心的因素之一）。科恩在绘制酵母人工染色体图谱过程中进展很快，首先是第21号染色体，并在接下来的一年里完成了全部基因组。与此同时，他的同事让·魏森巴赫（Jean Weissenbach）制作了全基因组遗传图谱，比人类基因组计划的时间表提前了三年。尽管遗传图谱对大部分研究仍然十分有用，但物理图谱则没有派上什么用场。

这个问题和人类DNA的性质直接相关。我们解决了酵母DNA的污染问题，并知道如何在处理大片段的插入后，就可以将酵母人工染色体用于线虫图谱。但是人类DNA中的重复片段数目很大，占全部序列的50%（线虫的这个数字仅为15%），而这一直是困扰获取稳定克隆的难题。当酵母细胞复制的时候，它们自己会解体并重新组合。法国人类基因组研究中心的图谱存在一些问题，因为科恩发明的方法megaYAC可以制作长达百万碱基的片段，但同时也增加了镶嵌体和缺失的概率。最近出现了新的细菌克隆方法，被称为人工细菌染色体或简写为BAC，它使用更小的插入并且似乎可以更加稳定地进行克隆。在测序之前，要制作人工细菌染色体库并绘制图谱，这需要完成很多工作。我们认为如果专注于这件事，应该可以做好，尽管我们当时还不是很清楚其操作细节。我们认为没有必要像线虫基因组那样先完成图谱，我们完全可以将图谱绘制和测序工作平行展开。

很显然，我们无法在现有的资金基础上开展如此庞大的工作。威康信托基金已全面介入测序，并明确表示桑格中心最终能够得到所需的资助，要承担人类基因组测序的部分工作，我对此非常乐观。我希望做的只是去游说他们把资金拨过来。对于鲍勃来说就比较难了。在1993年，他已经与国立卫生研究院做了抗争，以便能够将线虫项目资金的一小部分用于人类序列，而专家组不相信他们的方法在人类DNA上能够行得通。"最终他们勉强妥协，只是说不认为我们应当做人类基因组项目，但这可以由我们决定，"鲍勃说，"然后我们就做了一小部分——但我们知道自己已经受到特别关注。"

由于政治敏感性的缘故，我们希望先进行私下接触以免引起轩然大波。鲍勃和已经担任国立卫生研究院基因组项目负责人一年多的弗朗西斯·柯林斯，以及明察秋毫的梅纳德·奥尔森谈及此事。"没有人能阻止它，"他说，"尽管弗朗西斯很谨慎。"他们指出了克隆供应的问题，而这也是我们最薄弱的环节。从政治上讲，有一个广泛的看法认为，还没有其他人来承担剩余1/3的任务。同时，我向简、理查德和戴维讲了此事，因为他们将会受到快速扩大规模（包括测序、数据管理、作图）带来的冲击。他们立刻热情高涨。很快鲍勃和我就计划到威康信托基金和英国医学研究委员会，以及美国国立卫生研究院去演讲，阐述我们的方案。鲍勃将和我一同参加威康信托基金和医学研究委员会的会议。

伦敦会议即将开始之前的一个星期六，七点半左右，我骑摩托车去实验室。我依然是线虫测序小组的一员，轮值在周末为测序仪上样。从学生时代起，我就骑摩托车，最近重操旧业，从泰普尔福德到分子生物学实验室没多少距离，但辛克斯顿离家很远，我更愿意骑摩托车的原因是这样去机场要比开车快。那天早晨，在我骑出一公里后的一个十字路口，一辆货车从侧面撞上了我。对那场事故我什么都记不起来了，但显然冲击力将我的腿挤压到了骨盆后面，撞碎了骨盆，扯断了膝部的一条韧带。550cc的摩托车在我飞过路面的时候早已变成了一堆废铜烂铁，我相当幸运。后面一辆车里的女士打电话叫来了救护车，把我直接送进了剑桥的艾登布鲁克医院的手术室。那天早上急救室正好空着，丹尼斯·爱德华（Dennis Edward）当班，他是一位享有盛誉的外科医生。神经完好，受伤的组织没有坏死，他完整地复原了骨盆，并用一个金属板和螺钉固定，这些东西至今还在我身体里。

我苏醒过来，依然处于麻醉后的昏昏沉沉中，想从床上起来去为测序仪上样。当我发现自己动不了，就想，得找个人替我去做。考虑到刚刚所发生的事情，也许有点儿不理智，但我的神智是清醒的，我强烈意识到我必须参加星期四的会议。当我刚恢复意识的时候，鲍勃打来电话了解我的情况。我只是说："还好，这妨碍不了我们，不可能改变我们的计划——你什么时候出发？"

他答应去开会，尽管他当时非常迫切地想知道我到底怎么样了。我在接下来的三天内一直在请求医生让我及时离开医院去参加会议。实际上我成了病房里的讨厌鬼，经常使用电话，和同事开会等等，所以医院给我单独安排了房间。医生说在我能够用拐杖之前不允许我离开，所以我努力争取直到他们勉强同意让我出院。会议当天，我起得很早，穿好衣服，拿着拐杖坐上轮椅，然后乘电梯下楼。鲍勃与达芙妮在一起，戴维·本特利也在那里守了一夜，准备参加第二天的会议。他们安排好了去伦敦的司机和车，医院将我托付给鲍勃。我告诉他们鲍勃是医生，这是事实，尽管他在医学院接受教育之后一直没有行过医。

我们准时到达了威康信托基金的会场——感谢鲍勃、戴维还有轮椅。我兴奋得不得了，会议看起来相当成功，他们请我们提交正式计划。我们很高兴地离开了，鲍勃带我去了尤斯顿路的医学研究委员会，途中停车吃了午饭，还顺便到丽晶公园（Regent's Park）的玫瑰园绕了一圈。鲍勃认为下午的会议比上午的差。但医学研究委员会的主任秘书戴·里斯耐心地听取了我们的陈述，所以我认为我们有些太紧张了。总之一切看起来很不错。

丹尼斯·爱德华医生许诺可以让我在6个月内重新骑上摩托车，而我更关心的是何时能到山坡上漫步。从学生时代起，我每年都到外面待些日子，经常去苏格兰或湖区。不久前，我和儿子阿德里安一起过了一个长周末，爬了西海岸的峭壁。但我无须担心，接下来的夏天里，达芙妮和我站在1 000米高的布兰登山上，

共同的生命线——
人类基因组计划的传奇故事

眺望爱尔兰西南的大西洋。我十分感谢爱德华的高超医术，让我重新领略到高处的美和恬静。现在，阿德里安住在爱丁堡，从事软件编程，在那里我们继续着美妙的远足。

我没有换新的摩托车。当布里奇特·奥格尔维和她在威康信托基金的同事得知我骑摩托车去机场的时候，他们吓坏了——"在我们给这个家伙投资以后！"她禁止我再这样做。在我看来更重要的是达芙妮也认为这样不对。但我不需要过多的劝说。经历过生死之后，生命变得更加重要。这不是说我相信宿命的轮回转世，但我确实感觉到自己非常幸运——不仅仅是活了下来，而且是能够完好如初，所以我最好尽量去珍惜它。一周后我回到了实验室，三个月以后丢掉了拐杖。我和桑格中心的一名课题组长马特·琼斯（Matt Jones）一起坐出租车上下班，他也是在我出事之后不久被撞伤了大腿。

伦敦会议之后两周，鲍勃在弗吉尼亚雷斯顿的一个基因组实验室负责人聚会上通报了我们的想法。聚会的目的是讨论人类基因组项目的未来发展策略。大多数与会者不清楚我们的计划，我们对此有所准备。鲍勃要发言，大家很自然地认为他会讲线虫项目下一步的进展，然而他展示了昨夜准备好的透明胶片并公布了我们的计划。鲍勃说："他们呆住了。"但是梅纳德·奥尔森站起来说，摆在大家面前的是关于人类基因组测序的现实计划，这是个首创，他们应该认真对待。讨论围绕着两个主题展开：完成图谱是个难题（他说："我没这么说出来，但我认为那是他们的责任！"），以及作为完成全部序列过程中间结果的序列草图的价值。的确，线虫项目委员会确信未完成的序列是有价值的，但值得忧虑的是，一旦所有人都拿到了序列草图，就会失去完成它的兴趣，并且我们将永远不会结束，只是形成档案并束之高阁。另一方面，弗朗西斯·柯林斯注意到这个计划为他增加预算提供了机会，在雷斯顿会议之前，他曾安排鲍勃和国立卫生研究院的院长哈罗德·瓦穆斯会谈。弗朗西斯知道，迟早会有更多资金投入人类基因组测序中。因为现有项目本身的局限，当时由他监管的得到少量资助的图谱绘制、技术开发和小规模测序，远远不能满足要求，甚至给这小部分人提供所有的条件也于事无补。

现在我们这个计划尽人皆知，每个人都在谈论它。重要的一点是没有人怀疑鲍勃的计算能力，他关于获得精度为 99.9% 序列的工作时间表十分可信。但除了绘制图谱和完成工作带来的忧虑，还有来自政治方面的困扰，而且这甚至比我们预料的更糟。如果赞助机构给予几个大中心（不一定仅仅是绘制图谱的几家）庞大的资金，美国的其他二十几个实验室会怎样（还有世界上同样数目的实验室）？让它们喝西北风吗？在 1995 年 2 月刊的《科学》杂志中关于我们计划的评论里，我提出在资金紧张的情况下，我们不得不采用最经济的方式。"如果我们现在开始而不推迟，10 年后用于生物医学研究的全部开销将不会比现在多，"我说，"假如我们不马上开始，将会有许多其他寻找基因和测序的项目一起占用大量的资金。"如果现在就可以做到，我争辩道："为什么还要浪费时间？"我们当时的想法是，当草图完成以后，任何一个对特定区域感兴趣的人都可以从我们这里得到相应的克隆，然后进一步完成测序。

讨论于1995年5月在冷泉港基因组会议上继续进行。组织者（包括鲍勃·沃特斯顿和戴维·本特利）在星期六的告别宴会之前决定打破传统，允许有两个而不是一个主要发言人，从而完美地结束了会议。他们邀请了梅纳德·奥尔森和我，梅纳德谈图谱的问题，而我讲测序。梅纳德先发言，我对他要讲的内容感到有些紧张，因为尽管他在雷斯顿支持了鲍勃，但在最开始的一年里他对计划持非常怀疑的态度。作为完美主义者，他担心制作草图对于最终完成序列而言是个干扰，而且他认为假如资金从研究新技术的项目中撤走而转向测序，会导致我们无法得到自动化的过程。但是到5月的时候，他和鲍勃谈论了这个话题，而且对于我们的计划将不会阻碍长期目标这一点感到基本满意。会议期间，梅纳德和我在冷泉港园区里同住一室，有机会交流意见。我们在同一张桌子上准备发言稿，我将我的讲稿草草地誊写在透明胶片上，他则到会议组委会把自己的内容整整齐齐地打印了出来。

梅纳德在他的发言里支持了我们的计划，尽管仍然表示对结果的质量持保留态度。我随后起身，展示出要在2002年完成被我们称作"序列图"的计划，并说道："让我们开始吧。"使梅纳德感到窘迫的是，他制作的精美演示稿打印得太靠边界，超出了屏幕。我巧妙地利用这个巧合来对比我们两个的工作风格。"我的幻灯片不如梅纳德的精巧，"我说，"但至少和屏幕配合得很好！"

　　并不是每个人都被说服了，比如怀特黑德研究所基因组研究中心的主任埃里克·兰德。会议期间的一天，他在午餐队伍中站在我后面，跟我说他认为开始全基因组为时过早。埃里克是一个大块头的热情的纽约人，富于实践精神。他原先学数学，并在哈佛商学院教了一段时间书，但在20世纪80年代，他转到了药物遗传学，加入了怀特黑德研究所。他开始相信，使这个领域向前发展的最快途径就是以遗传图谱和物理图谱的形式来表达信息，因而开始大量投资于基础建设。他与当时在私人公司Collaborative Research 的海伦·多尼斯·凯勒（Helen Donis Keller）和菲尔·格林一起工作，原本打算制作人类基因组遗传图谱，一共定位了400个标记。1990年他收到人类基因组计划的第一笔资金，用于在怀特黑德建立一个基因组研究中心，并先后绘制了小鼠和人类基因组的图谱，该中心依靠大规模自动化处理建立了高起点。1995年，他理所当然地将注意力转向下一个步骤——高通量测序。埃里克说：

　　我们面临的问题是不曾测过任何东西，但这没有关系。我们所知道的是如何承担大项目，扩大规划并完成任务。我们和国立卫生研究院讨论的内容是，尽管在美国已经有一些小组开始了测序工作，但他们的工作方式还是作坊式的，而你们至少需要一个能够以规模化方式完成任务的团队。我们一直努力沿着正确的路线操作这个有些大胆，但还不至于被别人嘲笑的项目。就这样，我们开始了玩命的测序自动化。

在我们提建议的时候，埃里克刚刚开始为测序做计划，并且需要更多的时间开发同样高度自动化的方法，用来给刚绘制出的图谱测序。同时他批评我们的建议，因为我打算继续我们现有的程序，逐渐实现自动化。通过以往的成功，我们已证明这种方法的可行性。每年我们的产出都在增加，而成本在降低，我天真地认为我们的结果本身就很有说服力。但埃里克的怀疑很有分量，超出了我当时的想象，而且有很多人持同样的看法。他现在依然认为我们当时的提议不够成熟：

> 他们疯了，因为他们还没有自动化……我当时反对扩大规模是因为那并不是真正地扩大规模。我认为我们需要尽快开发一个提高20倍效率的系统，最终还要更高。我感到我们应当等几年，在一个允许我们扩大规模的时候使用这些系统……尽管如此，鲍勃和约翰所做的工作意义非凡，因为他们开始提出问题，哪怕并没有计划去测序，所需的一切就是用几年的时间使整个事情成熟起来，而事情正是这样发生的。

埃里克也许还需要两年，但我们不必，我们做好了领先的准备。尽管持保留意见，但埃里克开始和我们讨论加入我们的合作——实际上，他成了我们所期望的第三个伙伴。7月我们正式交换了文件，同意共享经验，并组成共同解决问题的包括三个实验室成员的研讨小组。

埃里克是第一个承认自己富于进取精神特性的人：

追溯到1995年，我在声称基因组项目将被两到三个中心完成的时候遇到了些困难。那是一个规模问题。你无法有效地在20个位置安排工作——很难想象我们能有20个中心来创造一切。我对小组下达的命令是我们要准备好独自完成全部人类基因组测序——不是非做不可，除非我们建立了系统，否则我们就不开始，但是只要一声令下，我们就全力以赴。

同时，我们知道自己可以做什么，却没有考虑到埃里克的批评是可取的。我们全力准备，简、理查德、戴维和管理委员会的其他人将1996—2002年桑格中心的大量程序描述文件汇集在一起，其中包括1/3人类基因组测序的部分。当然，这里面还包括我们与扩大规模有关的自动化的计划。我加上了一份介绍：

我们认为时间是人类基因组的主要威胁。不能再犹豫了，为了在2002年以前完成人类基因组的序列图，我们所需要的是全世界的一致信念。

共同的生命线——
人类基因组计划的传奇故事

我向医学研究委员会和威康信托基金提交了计划，申请在七年的时间内追加 1.472 亿英镑，这将用于制备一幅完成图。大家一致认为"狂犬基因组"计划只是整个过程中的一部分，仅为制定预算提供了经验。医学研究委员会询问如果资助我们完成 1/6 的基因组会有什么结果——仅仅只是我们计划的一半，我回答说："在这样的环境里，桑格中心将失去推动这个国际项目发展的影响力。这就意味着人类基因组未完成的部分在可以预见的将来系统完成并公之于众是不可能的。"

就在鲍勃和我拿出计划的一年后，1995 年的秋天，医学研究委员会的分子和细胞医学委员会与威康信托基金董事会的科学委员会通过了这个计划。同年 9 月末，由这两家机构组成的联合委员会突然造访桑格中心，了解我们的工作状况，为调查报告收集资料。负责这项调查工作的迈克·德克斯特（Mike Dexter），是位于曼彻斯特的帕特森（Paterson）癌症研究所的副主任，以及医学研究委员会的分子和细胞医学委员会的主席。联合委员会当中包括作为国立卫生研究院代表的埃里克·兰德。得知他的这种身份后，我感到有些吃惊，因为他已经和我们签署了合作协议。

这是一个奇特的场合。我们邀请了鲍勃，请他强调我们项目的国际合作性质，正如先前他请我到国立卫生研究院评估委员会一样。虽然大部分时间我坐在后面，但还是应邀站起来讲几句，谈谈合作的意义以及我们已经有能力取得哪些成绩。在我们看来，鲍勃并未被允许发言。委员们坐在会议室里的一张长桌后面，那个会议室是我们从辛克斯顿的 Tube 投资公司那里得到的，相当不错。那时候，会计师们流行使用粗壮的大按键计算器。看到这些，我经常想到这句话："我有大的按钮，并能显示大的数字，比你们的小数字强得多。"此时，默里的面前有一个这样的计算器，埃里克也一样。他反复验算我们的结果，怀疑我们是否能够按照计划的时间表加快测序任务，并质疑我们预计的成本。

我对简提出的数据很有信心，因为那些都出自她在测序操作中积累的大量经验。后来的事实证明，她对未来成本的预测也是准确的。但我发现我有点儿受不了埃里克和他的计算器，至少在公开场合不能。他除了对我强烈质询之外，还有明显的不信任。我是这样回答的："我并不确切地知道要花费多少，但是我们可以设定一个上限，然后顺其自然。"事实确实如此，但这不符合正式的规则。鲍勃安慰说仅仅是因为我对于这种评审缺乏经验，而这些和他们在美国所做的内容几乎一样。你必须掌握所有事实和花费的第一手资料，至少让别人看起来如此。在那以前，我一直乐于运作英国式的资金筹集方法，鲍勃是这样描述的："如果你认为我是一个出类拔萃的人，而且项目也非常尖端，那么你就应当提供资助。至于细节，你就相信我好了。"鲍勃知道哪些是必需的，但是他不能开口，所以在听我述说的时候一定感到失望。但埃里克的干涉和我漫不经心的回答对结果的影响比我想象的要小。

当天晚些时候，迈克·德克斯特来告诉我说，委员会原则上支持我们承担基因组项目的1/3，尽管他们并不赞同支付我们所要

共同的生命线——
人类基因组计划的传奇故事

求的全部金额。目前，桑格中心的两个赞助者，威康信托基金和医学研究委员会之间的伙伴关系比原先更加不平等。直到会议当天为止，我们一直以为它们将平均负担项目的开销，因而医学研究委员会期望在讨论我们的未来发展上有同等的发言权。实际上，威康信托基金在 2002 年底以前将为我们的测序工作支付 6 000 万英镑，正如原先允诺得那样，承担一半开销。另一方面，医学研究委员会在五年内仅仅给了我们 1 000 万英镑，而且其中部分用于完成线虫测序。

现在才知道，期待医学研究委员会承担一半费用是不现实的。它所说的用于长期资助研究单位和项目的预算，几乎都是在开始考虑实际付款之前做出的。医学研究委员会的研究管理部主任，戴安娜·邓斯坦（Diana Dunstan）证实了这个看法：

这是一个财政问题，虽然不一定在近期，但其长期效应会影响到医学研究委员会对我们整体项目的资助。简单说来，如果我们决定资助这个计划，那就几乎可以确定没有多少用于资助其他项目了。现在看来，这可能是正确的分析。

从政府获得预算的增加实际上并非易事。事实上，1994 年 12 月，在我和戴·里斯会面以后，医学研究委员会很快就从政府科技部得到了追加资金，特别用于在五年内资助人类基因组序列图谱这一国际项目中由英国承担的部分。具有讽刺意味的是，英国政府成了庞大基因组计划的第一个出资方，尽管金额离我们所需要的相去甚远。连续 5 年每年提供 200 万英镑的声明也可以理解为，医学研究委员会再没有从自己的经费中多拿出一分钱给桑格中心。除了现有的线虫项目基金的和政府新划拨的经费（头两年用于线虫项目，其余转向人类基因组测序）外，我们还有一些医学研究委员会提供给戴维·本特利用于人类遗传学项目的经费，仅此而已。医学研究委员会启动了英国所有的遗传学领域，包括线虫测序，但从此它在桑格中心的作用已经变得无足轻重，不久以前，它的成员不再担任其在基因组研究有限公司的指导委员会中的职务，而这个委员会是我们的管理机构。

时任医学研究委员会主任秘书的戴·里斯，将合作关系的瓦解归于政府机构运作中不可避免的缺陷：

威康信托基金提出的关于发展规模、速度和方式的想法，很快就超出了公共基金可以顾及的范围。我们面临的困难不仅仅是筹集经费，还有对辛克斯顿设施的雄心勃勃、富于想象力的开发要求。威康信托基金方面非常急切和随意，而我们需要在中央政府的框架和时间表范围内开展工作，同时医学研究委员会还得平衡与其他研究委员会之间的关系，当时就如何使用公共基金的限制远比现在严格。我最终认为是信托基金和医学研究委员会二者之间的不可调和造成了这种局面。我想我们之所以有些犹豫，是因为没有设法让威康信托基金理解我们。他们能够做出明确的结论，而我们在政府的决定面前束手无策，仅能私下表达意见。

信托基金并没有意识到它有能力弥补不足并且资助 1/3 的人类基因组项目。现在，已经成为威康信托基金主任的迈克·德克斯特支持了这项决定：

在 20 世纪 90 年代中期，开销大得惊人。随着时间的推移，成本开始下降，同时设备的运行效率得以提高。我们若在当时投入大笔资金，购买过时的设备和昂贵的测序试剂，实际上只是一种浪费。只需等两三年之后，我们就能得到更好而且更廉价的。所以有很多人想不明白，我们如此那般着急是为了什么。

毫无疑问，这正是我语焉不详的原因。大按钮和国立卫生研究院风格的评审变得毫无意义，或至多是一种理论上的检验而已。没有人知道三年后会是什么样子，尽管事实上我们当年的猜测几近正确。最初几年的花费并不是很高，是由于绘制图谱和测序的工作刚刚起步，没有立刻转入全力生产。到 1998 年开始全力产出的时候，那时会有更好且更廉价的技术，我们不应被动观望而应好整以暇。最好的方法是乐观向上和开放积极，每一年不断调整我们的工作。实际进程正是如此，但此前我并没有能够把这个观点传达给委员会。

和迈克·德克斯特不一样，那次评审的知情人，威康信托基金的迈克尔·摩根做了不同的描述。

> 我们（威康信托基金）希望承担风险，希望探索。金钱不是问题所在，关键是能否成功。评审中没有什么使医学研究委员会认为不该承担50%。但我们无法弥补不足——6 000万英镑已经是信托基金预算中很大的一部分了。董事们站出来支持这个计划是很勇敢的。

当年那是他们有史以来提供的最大一笔资助，超过了世界上任何一家测序中心得到的资助许诺。在没有任何其他动机的情况下，宣布桑格中心将承担整个人类基因组的1/6是件非常了不起的事情（当时测序工作只是刚刚开始而已）。我想我应当把这视作赞成（即便我们的努力得到了结果，对投资方而言，那也是毫无意义的），但对我自己和桑格中心的每一个人来说，仅仅完成所要求的一半是严重的退步。就鲍勃和我看来，这不足以推动进程。

我记得分子生物学实验室的核酸研究先驱约翰·史密斯（John Smith）给艾伦和我的建议。那是在弗兰克·李酒吧的一天晚上，当时我们告诉他我们打算在20世纪90年代完成线虫基因组测序。"那太久了，"他说，"你们不应该让一个科学计划花费这

共同的生命线——
人类基因组计划的传奇故事

么长的时间。"假如发现自己拥有一定水平的技术，却没有全力以赴，那就意味着失败，因为其他人会抢在你前面完成——事实就是如此。我也说过同样的话，一次是当被医学研究委员会问到如果只得到一半经费会有什么后果的时候，还有就是在这次评审中。但都没有起到作用，我们错过了机会，几年以后我们不得不面对其恶果。

美国的鲍勃·沃特斯顿就没有那么幸运了。作为国家资助机构的医学研究委员会和国立卫生研究院，看起来好像都犯了过于谨慎的错误。鲍勃为增加人类基因组测序的内容申请资金，却得到了充满质疑的评价。委员会并不否定鲍勃的工作质量，但认为立刻在已有的方法上花费大量的金钱是错误的，因为在三年以后会有更好的实现手段。鲍勃做出了有力的回应，称拖延三年是灾难性的，但是于事无补。第一年他得到了所要求的1/4，在随后年份里有适当增加。

在12月写给我的信中，鲍勃摆脱了他的无奈心情，认为反对者不过是推迟了一件不可避免的事：

他们不想见到他们的机会被剥夺，也不承认人类基因组将在随后几年中被测序，不管他们（国家人类基因组中心）已经做了哪些工作。我开始真正相信这一点了。随着两个实验室在软件编写和方法上的进展，应用生物系统公司的设备成为前所未有的强力武器……我可能有些夸张，但我相信主要工作将在三四年内完成。

以桑格中心为例，在表面上并没有什么值得抱怨的。当1996年4月弗朗西斯·柯林斯宣布资助一系列"探索人类基因组大规模测序的可行性"的创新性项目时，鲍勃收到了2 000万美元的1/3，也就是第一年应得的部分。接受资助的还有另外5个实验室，其中包括埃里克·兰德的和梅纳德·奥尔森的。启动项目被要求在开始的两年内测出人类基因组序列的3%；他们并不十分在意产出的数量，而是以序列的质量作为评价能力的标准。在1998年项目评审以后，资助方将确定最终的策略。

最终目标应该是一个彻底完成的高质量序列，但这深深困扰着我，因为生物学界将不得不等到2005年。我并不是没有预想到最终结果所面临的质量问题，但我坚信，对于生物学家来说，尽快完成一个略显粗糙的结果要好得多。依据我们从线虫基因组工作所得到的经验，一旦完成草图，人们可以继续寻找基因并理解其如何行使功能。我依然相信鲍勃和我是正确的。不存在所谓奇迹般的新技术，相反，凝胶方法在尝试和实践过程中渐渐变得更加高效，5年内，成本由每个碱基0.5英镑（合75美分）减少到0.1英镑（合15美分），同时，数据产量是原来的20倍。由于人类基因组计划中私人竞争者的加入及随后人类基因组计划对"工作草图"策略的采纳，使我确信那些资助机构不支持我们真是天大的错误。

弗朗西斯·柯林斯认为，谨慎行事是正确的，我们需要在开始尝试之前确认自己知道该怎样去高质量地完成：

> 某些回顾历史的人也许会说我们太看重鸡毛蒜皮的事情了。实际上我并不为所做的事感到后悔。我认为我们在探索阶段和注重高质量地完成序列过程中学到了许多。我们不得不发展其他实验室（桑格中心和华盛顿大学之外的）加入，其中一部分实验室没有同样的经验，所以强调质量是避免发生混乱的好方法。

《科学》报道说，国家人类基因组中心优先考虑的问题好像是抓紧钱袋，只分给各个实验室很少的资金。某些结果是良性的，埃里克·兰德成功地获得了高度自动化的鸟枪法数据生产流程，并在快速完成草图测序的工作中得到了回报。但是已经错失了使工作全面铺开的良机：公立方面看起来进展缓慢，结果导致了被动的公关局面。现在，吉姆·沃森承认："如果当时接受了约翰和鲍勃的想法，情况会好得多。"

尽管我们还不能随心所欲地加快测序进程，但人类基因组测序在1995—1996年间正式启动了。当鲍勃和我在酝酿这个狂大计划的同时，我们也在观察世界的动态，发现当时相当混乱，人们重复别人的劳动，每个人都涌向推测与癌症或其他主要疾病有关的基因组区域。是否向公众开放序列数据，如何去做，对此没有一个共同的意见。如果目的是一个完整的基因组序列，你可以自己去做而不必顾及其他，这意味着你必须进行得比其他任何人都快，而且必须成功，或者你不得不将大家聚到一起。从某种意义上讲，鲍勃倾向于前一种方式，他确实曾经想过我们可以将整个事情分成两部分，各做各的。但是我一直认为，假如可能的话就一定要分享——这样做就不会产生不必要的竞争。

我同样感到有必要驳斥在基因组探索中的淘金想法。有这样一种观点，即每个人都在竞争，都在尽可能快地从自己的发现中收获巨大的利益。这种观点很大程度上来自新兴的私营公司，尽管它们并不是唯一的鼓吹者。一个相关的例子是乳腺癌基因被发现之后出现的公众与个人之间的对台戏，在这场戏中，桑格中心扮演了支持者的角色。

如今在桑格中心负责癌症基因课题组的迈克·斯特拉顿（Mike Stratton），当时正领导位于萨里郡萨顿的癌症研究所的一个小组，他致力于找寻导致女性罹患乳腺癌的基因。玛莉-克莱尔·金（Mary Claire King）在美国定位了一个名为 BRCA1 的基因，但是它不能代表与这种疾病有明显联系的所有基因家族，所以迈克和他的同事开始寻找另一个。1994 年夏，他们在第 13 号染色体上定位了这个基因，就是后来为人所知的 BRCA2。截至那个时候，迈克一直在与犹他大学的马克·斯科尔尼克合作，后者对比了大量摩门教徒的家谱与癌症记录，以确认有助于追踪癌症基因的家族。斯科尔尼克创立了私人公司 Myriad 遗传公司，致力于寻找癌症基因并且将发现基因的检测工作推向市场。在他的小组定位 BRCA2 之前不久，迈克去和斯科尔尼克讨论假如真的发现并克隆了 BRCA2 基因，Myriad 应担任什么样的角色。结论是 Myriad 会将其申请专利，并拥有包括诊断和治疗在内的专属使用权，迈克非常反对这个想法：

> 我很担心将来如果在医学或伦理需求和商业需求之间存在冲突会发生什么情况。Myriad 有义务回报投资人。我意识到自己对这个发现没有发言权。所以在我们发布基因的定位信息之后，终止了合作。

迈克和他的同事正在同犹他实验室争分夺秒地竞争，以期寻找并克隆基因。当他们前去请教戴维·本特利，是否可为存在此基因的区域绘制覆盖大约 100 万碱基的克隆图谱以后，从这个意义上讲，桑格中心也牵涉其中。戴维乐于效力，但是在得到克隆以后，他意识到 BRCA2 区域将会是桑格中心和华盛顿大学的人类基因组测序工作的典范。他征求迈克的看法。序列的价值将是巨大的，但在那时，桑格中心和华盛顿大学的数据公开原则意味着，当序列完成之后立刻公之于众，而这将帮助迈克的竞争对手。如果癌症研究中心不同意的话，我们不会为那个区域测序，对此迈克非常了解。"我们讨论了这个问题，"迈克说，"并认为既然我们共同加入了寻找基因的竞赛，产生阻止戴维领先的念头都是荒唐的。"

戴维给了迈克一个期限，1995年11月23日，届时序列将被转入公共数据库。在此之前不久，癌症研究所的工作小组在乳腺癌家族之中发现了一个变异，而它看上去与BRCA2基因吻合得很好。在得到序列之后的两周时间内，他们不仅确认了这个变异，而且还新发现了5个。毫无疑问，他们发现了那个基因。迈克迅速在《自然》上发表了小组的成果，直到最后一刻才告诉了他的同事。尽管如此，斯科尔尼克已经获得了足够多的关于这个发现的信息，使得他先于癌症研究所的文章在《自然》发表之前完成了基因定位并进行了专利注册。

尽管迈克对申请专利的做法持保留意见，但他意识到，在竞争环境中保护团队研究成果免受商业侵犯的唯一办法，就是自己申请专利。研究所在发现变异之后立即申请专利，随后的内容则涵盖了更多的变异。同时，Myriad的专利申请声称拥有这个基因。犹他州的科学家们首先克隆了BRCA1并拥有其专利。他们在犹他州开办了一个商业检测中心，一旦申请到了专利，将给美国其他用这些基因进行乳腺癌检测的实验室带来诉讼威胁。因此，所有的检测不得不在他们的中心进行，每名患者必须为此支付大约2 500美元。其他的实验室可以申请许可，以进行寻找突变的测试，但同样得为每次测试支付数百美元。这些测试中就包括迈克小组发现的BRCA2突变，这种突变在德系犹太人群中相当常见（他们祖居中东欧地区）。"我们原先的文章中提到了德系犹太人的

BRCA2 突变，"迈克说，"所以 Myriad 要求对所有接受测试的美国女士收费的依据，是建立在我们的发现基础之上的。"作为一名德系犹太人，迈克认为这样做实在难以接受。

在迈克看来，Myriad 获得乳腺癌检测的控制权是"不公平和不道德的"，特别是他们是在迈克小组前期工作的基础上发现BRCA2 的（Myriad 在 1996 年的文章中承认了这一点）。癌症研究所挡住了他们的路，实际上，Myriad 在争取基因使用权方面，在欧洲获得的支持并不比在美国多。但由于曾得到大量财政投资，该公司现在除了努力将其产品市场化之外别无他法。作为一个靠癌症研究运动的志愿者募捐资助的机构，癌症研究所无力承担过多的诉讼费用，而和 Myriad 对抗难免要打官司。

我把这一事件看作一个警告。在我看来，商业利益驱动已经超越了临床治疗和道德规范，这正是迈克所担心的。通过声明对两个 BRCA 基因的检测权并以此收费，Myriad 的所作所为增加了人们的保健开支。在美国，患者通过医疗保险支付账单，在英国是纳税人借助国家健康服务（NHS）承担费用。但这对于科学研究和未来的医疗工作来说更加不利。一旦科学家真正理解了BRCA1 和 BRCA2 中的突变是如何造成肿瘤的，他们也许能发现新的治疗方法。但由于专利的缘故，只有 BRCA 有权在市场上推广该疗法。其他相关专家几乎没有机会介入，而且假如他们有新的发现，还要为了许可协议去花费精力和律师打交道，对此投入的智力将得不偿失。在我看来，Myriad 等公司是为了追求短期利益而牺牲了人类健康发展的长期利益——而后者正是整个基因组测序事业的最终目的。

　　尽管在 1995—1996 年之间，Myriad 的挑衅行为尚未显现出全部后果，但很明显引起了对商业利益的关注。鲍勃·沃特斯顿和我感到有必要提请国际测序团体通过某种协议，使得基因信息能够向世人公开，不会因为某些公司和研究人员之间达成了交易，碍于经济利益而保密。迈克尔·摩根坚信威康信托基金将对促成此事起到重要作用，他本人曾于 1994 年在国际人类基因组组织和其他组织关于开放表达序列标记数据的讨论中积极发表意见。他、鲍勃和我一致认为最需要的是召开国际会议，以制订分工计划，明确数据管理的方法。通过和另外两家主要的资助单位美国国立卫生研究院和美国能源部协商，他选择位置居中的百慕大作为理想的会议地点（英国的领地，但距美国很近），时间定在 1996 年2 月底。我们开始起草与会人员名单——任何关心基因组测序而不是仅仅注重基因测序的人。当一些人刚得知此事的时候，另一些人则已经开始申请参加会议了。名单中包括能源部测序实验室的代表，来自基因组研究所的马克·亚当（Mark Adams）和克雷格·文特尔，怀特黑德中心的埃里克·兰德，美国其他实验室的成员，来自英国、法国、德国、意大利和日本的测序工作者，还有数据库方面和赞助单位的代表及对基因组学政策有重要影响的个人。

　　此次在汉密尔顿公主饭店（Hamilton Princess Hotel）举行的

会议很有建设性，第一次使得人们有机会广泛交流意见。我认为这有巨大的正面影响，简单描述一下鲍勃位于圣路易斯的实验室的测序量和桑格中心的工作内容大有裨益。那些只测了几千碱基的机构不再宣称自己是主要参与者，任何谋求缺乏约束力的决定的人都不得不面对这个现实：会议对联合策略和方法有重要影响。较小的团体意识到，他们要么申请到经费并改善自身条件以承担大规模任务，要么接受现实，承认他们只是基因的测序者而不是基因组测序工作中的一员。关于百慕大会议，最重要的内容是其政治方面，规定了分工内容。正是在那里，我们第一次开始了被我称为"共享规则"的工作。我们不得不同心协力，因为在那个时期没有人能够独立完成全部工作。与会的每个人都签署文件承担某个特定区域的测序工作，而且工作中的冲突在会议期间得到了协调。会议通过决议，建立了一个名为人类基因组测序和图谱索引的网站，其中列出了所有参与合作的成员名单，这项工作首先由国际人类基因组组织美国办事处主任苏珊·华莱士（Susan Wallace）负责。这在逻辑上增强了国际人类基因组组织自身已有的基因组分工索引的作用。

在会议的最后，我们讨论了数据发布的问题，这是百慕大会议最受瞩目的话题。鲍勃和我已经主动发布了线虫的数据，并且在人类基因组序列方面坚持如此，但我们担心并不是所有人都会这样做。当时没有将未完成的数据放入公共数据库的机制，这些数据库只用于存放完成了的序列。但是，正如在线虫项目中做到的那样，我们将全部未完成的人类序列数据在我们的网站上以电子方式共享，使得任何人都能下载信息并按照自己的意愿去使用。我们仅仅提醒他们序列不完全，并要求在出版物上注明数据来源。桑格中心的每个人，以及我们的合作伙伴，都必须认同我们的做法。这就是我们一直以来所做的事，而且经常和力求抢先于别人发现基因的人意见相左。

我认为免费发布数据的原则必须被大家接受，否则人们无法互相信任。鲍勃和我主持了百慕大会议，我发现自己是站在大家面前唱高调。我认为并不是每个人都同意这种观点，包括在场的一些人，譬如基因组研究所的克雷格·文特尔，他已经和商业组织建立了联系，反对全部公开，然而一无所获。但在我站在写字板前写来写去、反复涂抹的过程中，我们达成了一致。威康信托基金依然保存着那份协议手稿的影印件，其中包含三个重点：

- 自动发布大于1 000碱基的序列拼接结果（建议每日更新）。
- 立即提交完成注释的序列。
- 为了实现公众利益的最大化，项目的最终目的是将全部序列免费向公共领域开放，用于研究和开发。

当我和鲍勃与科学界的同人一起商讨的同时，迈克尔·摩根在给赞助方的代表做工作：

共同的生命线——
人类基因组计划的传奇故事

赞助方的代表能够并且愿意支持这个政策是至关重要的。鲍勃和约翰需要使科学家独立，然而科学家也要满足赞助人的要求，"如果你不按我们的意思做，是得不到资助的"。

我所书写的内容，经过了少量修改，确定为百慕大协议——一份开展由公共资助的前所未有的大规模测序的工作指南。最后每个人都举手赞成，这使我非常吃惊，我从未想到事情会如此顺利。部分与会者赞同协议，但在实际执行方面有困难，因为他们的政府强烈反对发布数据而不申请专利。"一些小国不信任美国，"迈克尔说，"他们认为自己可以假装同意免费发布，而在另一面同时申请专利。"但是不应当存在例外，否则我们将前功尽弃。公开途径和早期发布意味着全世界的生物学家都可以使用这些数据，并做出生物学解释，最终产生可以申请专利的新发现，但原始序列本身在被发布的时候不能申请专利。在百慕大，我们的决议第一次得到了大多数（尽管不是全部）基因测序机构的认可。协议强调得恰到好处，以至很多人都对基因序列是"人类的共同遗产"这一观点有了一致的看法，这种说法首次出现在联合国教科文组织大会于1997年发表的"关于人类基因组与人类权利的宣言"中。

百慕大会议，其正式名称为国际战略会议，将每年举行一次。尽管1998年以后不在百慕大举行，但仍对协调测序分工、维护数据发布方针有着重要作用，并着手为数据发布制定质量标准。

1996年中期，开始对人类基因组发动协同攻击，一个国际委员会或多或少地同意并谨慎地给予资助（尽管没有我们期待的那样多）。我们在桑格中心建立了团队，并制订了大幅度增加序列产出的计划。7月，我们搬进了坐落于人工湖畔树林边光彩夺目的新址（至少和我们原先所在的砖石结构建筑比是如此）。尽管增大了空间值得高兴，但我们很快遇到了一个被我称为"绝热膨胀"的问题。压缩气体被释放到很大的空间中的时候会发生什么？它会变冷。在旧地方，我们或多或少是靠近的，有很多测序设备放置在被戏称为"金鱼缸"的中心区域，环绕其周围的办公室错落有致地分布着。在新的建筑里，我们失去了联系，消失在由数英里[①]长的走廊连接起来的实验室和办公室里。我很喜欢不拘小节，并且对再也无法像以前在拥挤的角落里随时碰到同事而感到非常不高兴。我们不得不经常开会以保持联系，但可以肯定大家都了解彼此的工作内容。

　　同年晚些时候，桑格中心所分享的另一个主要成就是在10月公布的酵母基因组。国际合作组（主要由欧洲国家组成）以桑格中心的巴特·巴雷尔小组和鲍勃在华盛顿大学的同事为主，酵母测序项目率先破译了第一个较细菌复杂的生物基因组。酵母项目估算出维持一个细胞所需要的基因数目，这个数目和其他高等生物的相似（引自《科学》中一篇题为《6 000个基因的生命》的文章），开创了理解细胞部分功能的研究方法，并且为线虫的测序积

---

① 　1 英里 ≈1.609 公里。——编者注

累了宝贵的经验。现在我们可以高效地将酵母人工染色体克隆拼接成序列，就得益于能够去除序列中属于酵母的部分。借助数据库中的酵母基因组，以上这步工作仅仅需要计算机检索而已。我相信没有任何事情可以阻挡线虫基因组工作的完成。

第五章

谁 与 争 锋

1998 年 5 月 12 日，当人类基因组计划的领导聚集在冷泉港参加基因组作图和测序的年会时，都不同程度地被震惊、激怒，也有些沮丧。在前一个星期五，也就是 5 月 8 日，有消息说克雷格·文特尔已获得了私人的资助来成立公司，要在三年内完成整个人类基因组的测序计划。5 月 10 日，克雷格的公关专家称，这个尚未命名的公司将成为基因组和相关医学信息的权威信息提供者，通过这些信息，科学家可以更好地理解人类的生物学过程，以便将来提高医疗水平。这个新闻出现在会议召开的前两天，宣布的计划包括以每三个月公布结果的方式"把测序结果提供给公众"，同时也声明了克雷格所鼓吹的："序列信息蕴藏着极大的商业价值。"我看出克雷格的目的明显在于完全控制基因组的信息，从而获得商业利益。克雷格的全部信念都与我们曾经颇费周章才达成的百慕大协议的所有约定背道而驰。

这一切没有一点儿预兆。仅仅在一周前，吉姆·沃森才通过与理查德·罗伯茨的电话交谈得知这些消息。罗伯茨出生在英国，但他的科研经历大部分是在冷泉港与吉姆一起度过的，并且和吉姆共同发现了"断裂基因"，就是一种非编码内含子插入编码序列或者是外显子之间的现象。从1992年起，他加入了一家叫作新英格兰生物实验室（New England Biolabs）的私营公司。这家公司主要从事向分子生物学机构提供限制性内切酶的业务，其中许多是罗伯茨发现的。在电话里，罗伯茨告诉沃森他正在主持克雷格新公司的一个科学咨询小组，描述了大概情况，并问沃森是否愿意加入。"我纳闷为什么克雷格不亲自打电话告诉我。"沃森焦虑地打电话给远在威康信托基金的迈克尔·摩根抱怨。当时，迈克尔正在伦敦的一辆出租车内，准备去参加一个关于扩大基因组园区的会议。迈克尔一得到这个消息，立即在出租车里给吉姆回了电话。迈克尔事后说："吉姆说克雷格准备于星期一发表一个将在一年内独自测完整个基因组的重大声明，我们该怎么办呢？"

在此之前的几个月中，迈克尔一直代表信托基金方面和我们合作，这是为了能够完成我们重新提出的建议：将基因组测序任务由原来的1/6提到1/3，从而能够配合美国下半年所要提出的任务。迈克尔刚开始认为克雷格的提议会破坏我们的建议。迈克尔说："我想信托基金董事们会这样讲：'如果它能做下去，就太好了，我们还有必要进一步对基因组计划投资吗？'"

那时，我们所知道的就是克雷格从工业界得到了一大笔钱。后来，鲍勃·沃特斯顿告诉我，在5月8日的那个星期五，弗朗西斯·柯林斯和美国国立卫生研究院的院长哈罗德·瓦穆斯应邀与克雷格见面。就在那次的华盛顿杜勒斯机场美国联合航空红地毯俱

共同的生命线——
人类基因组计划的传奇故事

乐部的会面中，柯林斯才发现克雷格的生意伙伴是应用生物系统公司的迈克·汉凯皮勒，应用生物系统公司为几乎所有的基因组学实验室提供测序仪。汉凯皮勒曾经是李·胡德的加州理工学院实验室的重要成员，就是这个实验室最先做出了自动测序仪，后来以汉凯皮勒为首创建了使测序仪商业化的应用生物系统公司。1993年，科学设备制造商珀金埃尔默（Perkin-Elmer）公司收购了应用生物系统公司，也正是珀金埃尔默公司准备给克雷格新的新测序计划提供3亿美元甚至更多的资助。它的首席执行官托尼·怀特（Tony White）正努力把一个成功的设备制造公司转变成一个在高科技领域富有竞争实力的企业。正是汉凯皮勒想出面邀请克雷格领导一个为基因组学研究提供基因组信息和软件的子公司。刚开始，我并没有完全认识到这个挑战的严重性，但我立即意识到桑格中心将不再是世界上最大的基因组学中心。这很让人烦心，只要有更多的机器，任何人都会在人类基因组测序乃至其他的测序计划中在速度上处于领先地位。比如，我中心的巴特·巴雷尔的小组在完成酵母菌测序后，又启动了一系列测定结核杆菌和疟原虫等致病生物基因组的计划。我还记得曾经提醒过巴特要提高警惕，但是在先于基因组研究所成功完成了结核杆菌测序项目后，他已经习惯了面对克雷格·文特尔的挑战。我还看到，按现在的速度按部就班是不行的，要想在人类基因组测序中具有竞争力，我们必须改变自己的策略，得提前进行更多的测序。实际上，这就是三年前鲍勃提议的重点。第一个完成测序并获得荣誉并不重要。如果存在基因组中的基础信息被私人力量操纵的危险的话，尽快完成测序任务将变得比以往更为重要。

在冷泉港会议前的那个周末，我们在桑格中心通过大量的电子邮件与美国的同事商量对策。弗朗西斯·柯林斯办公室官方的第一反应是持谨慎的欢迎态度。弗朗西斯在美国国立卫生研究院的发言人马克·盖耶（Mark Guyer），在给所有基因组中心主任的信中说："这是一个激动人心的进展，为人类基因组计划进行到一个关键时刻增添了新的技术力量。"5月11日那个星期一的早晨，在刚开始的一系列欢迎仪式上，克雷格和迈克·汉凯皮勒，连同美国国立卫生研究院的院长哈罗德·瓦穆斯，美国国家人类基因组研究所负责人弗朗西斯·柯林斯以及美国能源部生物与环境研究办公室的主任阿里·派翠诺斯（Ari Patrinos）共同出席了华盛顿的一个记者招待会。克雷格、迈克和他们的部分合作者准备参加周末的冷泉港会议，以促进对他们计划的交流与合作。

我本不打算参加冷泉港的会议。因为，那时我已将大部分精力放在了将要完成的线虫基因组计划（这个计划现在已顺利完成）中，所以几乎没有时间参加任何会议。自从桑格中心建立运行以来，我经常将任务委托给别人：戴维·本特利主持人类遗传学，简·罗杰斯主管测序，理查德·德宾管理信息学，等等。我认为他们能够代表桑格中心参加国际会议。这样也许使我不同于一般的领导者，但增强了团队的凝聚力。一个人通过对自己所做的事情负责最终将提升自己。但当克雷格新公司的计划披露以后，鲍勃和其他人要求我无论如何都要参加。克雷格的计划对整个基因组计划是个潜在的威胁，所有公共投资的基因组实验室领导都需要尽快拿出对策。

在会议进行那周的星期三，我按计划会见了威康信托基金的董事们。这次会谈几个月前就已经安排好了，我们将提出一个旨在提高测序能力的资助申请。迈克尔·摩根和我当场决定，只要一拿到这笔资助，就直接赶往冷泉港并发表我们的声明。

克雷格不一定参加这次冷泉港会议，他在忙于自己的基因组研究所的资助事宜。在正式会议的前一天，有一个预备会议是专门为那些由美国国家人类基因组研究所资助的首席研究员召开的，而作为基因组研究所（基因组研究所承担着第 16 号染色体的部分测序任务）的领导者，克雷格是应该参加的。不管原来的日程安排如何，首要任务是能直接听到克雷格现在的打算。克雷格按时向其他中心的领导做了汇报。毋庸置疑，该计划受到了大家的敌视。这不仅因为他直接与从前的同事竞争，更何况他还把整个故事告诉一个对此很感兴趣的《纽约时报》记者尼古拉斯·韦德（Nicholas Wade），通过该报 5 月 10 日（星期日）的报道而获得了公众的支持。任何一个不了解基因组测序背后复杂内幕的人在看了那个报道后都会相信，克雷格将会非常漂亮地完成一个科研创举，而把那些公共投资机构甩在后面。这个报道刊出后的第二天，克雷格在华盛顿的记者招待会上声称，如果将人类基因组计划交给他来完成，其他人把精力转到试验小鼠基因组测序上将会得到更好的收益。在冷泉港，他对那些目瞪口呆的与会者重复了他这个想法。吉姆·沃森对此评价道："这就像是要求他们走向大海，自溺身亡。"吉姆·沃森虽然不再负责人类基因组计划，但仍然对此抱有很大的兴趣。"即便是用委婉的语气来讲，克雷格的提议也带有攻击性。"

在克雷格与瓦穆斯及柯林斯的会面中，他明确提出与国立卫生研究院用共享数据的方式合作。如果他真的这样想，那当然是一个值得考虑的提议，因为反正所有人类基因组计划的数据都已经公布了。但是，记者招待会和《纽约时报》那篇报道已经很清楚地表明了一个事实：克雷格暗示媒体，就人类基因组测序来讲，公立基因组中心是多余的。韦德写得更明白："如果这个新公司将首先完成人类基因组测序，那国会可能就会质疑美国国立卫生研究院和美国能源部进一步资助人类基因组计划的必要性。"

在冷泉港，充斥着苦恼沮丧的情绪。吉姆·沃森在盛怒之下，甚至将克雷格企图垄断人类基因组计划的做法比作德国对波兰的入侵，想知道弗朗西斯·柯林斯准备做丘吉尔还是仿效张伯伦。"我看克雷格想占有人类基因组就像希特勒想称霸全世界，"他说，"这对任何人来说都是不能接受的。"至少好些天吉姆一直在紧张，害怕他辛辛苦苦建立起来的国际合作网络一夜之间土崩瓦解。吉姆说："我担心有人认为我们会输掉这场竞争。"

吉姆的担心不无道理。表面看起来，克雷格的建议很有说服力，而且在高通量测序方面他已被证明是一个优秀的科学家。他

共同的生命线——
人类基因组计划的传奇故事

的商业伙伴则是制造 DNA 测序仪的行业领袖——应用生物系统公司。他的合资公司得到的投资远远超过了单个基因组实验室得到的资助。大规模基因组测序是非常昂贵的，购买测序仪，雇用操作人员，特别是测序反应中所必需的价格昂贵的试剂——酶和核苷酸，这一切都需要大笔资金。克雷格的新公司还有一个技术上的优势，应用生物系统公司 3700 测序仪。应用生物系统公司已经做出了这个机器的原型，它不仅比原来的机器速度快好几倍，另外还用能自动进样的毛细管电泳测序方法代替平板铺胶电泳，从而大大减少手工操作。新公司将有 230 台这种机器，每台能够同时读 96 个样品，目标是每天产出 1 亿未加工碱基的数据。

如果这些还未经测试的机器真的像宣称的那样，那么拥有这些设备的克雷格每日测出的基因组数据量将等于甚至超过全世界目前的总产出。不过，鲍勃、埃里克和其他基因组中心的领导对克雷格的策略的细节持怀疑态度，他们认为这个策略根本不可行。克雷格打算采用他曾经在幽门螺旋杆菌及嗜血流感菌等细菌测序中所采用的全基因组鸟枪测序法，以加快人类基因组的测序进程。同我们在进行线虫和人类基因测序的过程中采用的先进行指纹测序作图，然后用鸟枪法逐个测序不同的是，他要对整个基因组直接进行鸟枪法测序。

全基因组鸟枪法测序以前就有人提出过。在 1996 年 2 月的百慕大会议上，来自威斯康星州马什菲尔德（Marshfield）医学研究基金会的人类遗传学家詹姆斯·韦伯（James Weber）提出，采用全基因组鸟枪法将大大加快人类致病基因的研究。后来曾经与吉恩·迈尔斯（Gene Myers）合作的一位亚利桑那大学的计算机专家，在《基因组研究》（*Genome Research*）杂志上发表了附和这个建议的一篇文章。不过，这个想法被人类基因组的科学家拒绝了。对序列组装的难题有深刻体会的华盛顿大学专家菲尔·格林，不认同这篇文章的观点，同时指出全基因组鸟枪法测序的很多缺点。更严重的是，从科学的角度来讲，人类基因组与成功运用鸟枪法的细菌基因组有很大的区别。

细菌基因组约有 200 万个碱基，而人类的基因组有近 30 亿个碱基，二者有本质上的差别，尤其是在两种基因组中重复序列的数量方面。典型的细菌基因组有 2% 的重复序列，而人类重复序列的比例高达 50%。重复序列意味着在全基因组水平上，一段 DNA 可与许多不同位置的 DNA 片段有重叠。只有使用那些在全基因组图谱中位置已知的克隆得到的片段，才能保证我们的整个基因组测序结果是准确的。还有一个困难：DNA 上的一些序列很难克隆入细菌。与此相对，对于一个已经在全基因组上定位的克隆的片段，则可以较为可信地组装起来。所以采用鸟枪法拼接出的序列比纯理论基础上所估计的有更多缺口。巴特·巴雷尔的小组能够先于基因组研究所完成结核杆菌序列图的原因之一，就是鸟枪法没有发挥作用，结核杆菌比一般细菌有更多难以克隆的重复序列。

克雷格可能已经投入了很大的力量组织起了强大的计算机和软件专家，专门解决这些拼接困难，当我们意识到这个问题的时候已经太晚了。我们所采用的方法是先将人类全基因组的克隆定位，然后对已定位的克隆测序。这方法看起来很费事，但可以对结果进行验证。得出可靠的序列信息，这一直是我们的首要目的：让结果经得起时间的考验。毫无疑问，鸟枪法可以得到足够的原始数据，问题在于最后的序列图中会有多少缺口。如果能将这些缺口补全，这样的测序结果对于基因定位来讲才有意义。但是补全这些缺口将花费惊人，同时这些小的片段在基因组内的位置也不得而知。菲尔·格林在一年前已经在他的文章里把这些说得很清楚了，可克雷格仍然义无反顾地决定采用全基因组鸟枪法测序。

对于克雷格到底想如何公布他的数据是大家最关注的问题。他们公开的说法是每季度公布一次数据。问题是作为一个想从基因组信息中获得商业利益的公司，如果把自己的数据都公开的话，怎么能获利呢？最初的声明是：只对200~300个基因申请专利。但这样和已经得到更多基因专利的因赛特公司和人类基因组科学公司相比没有什么竞争力。所以，这些人类基因组计划的领导与其说是怀疑克雷格的技术路线，还不如说是担心他的商业计划。这么轻易就放弃他早先为了迎合他的商业投资者而做出的承诺，实在让人不能相信。"这是一个气氛沉闷的会议，"鲍勃·沃特斯顿说，"我们问了他一些严厉的问题，他认为我们只是在刁难他。科学家总是富于怀疑精神，所以我们有些问题可能有些过分，但克雷格总是反应过激，容不得任何批评意见。"

针对大家对他的技术路线的质疑，克雷格有个回答：准备首先测一个小的物种来验证全基因组鸟枪法。然后当着所有与会者的面，他和格里·鲁宾到外面去讨论。格里在加利福尼亚伯克利的基因组中心从1995年开始测定果蝇的基因组，到1998年已完成了总共1.2亿碱基中的2 000万个，在理查德·吉布斯帮助下准备扩大规模以完成整个计划，后者在休斯敦的贝勒医学院有个很大的基因组中心。目睹随着线虫测序工作的加快而涌现出的众多科学发现，越来越多的果蝇研究家都为能更快完成果蝇的基因组测序而欢呼。

格里只是希望完成果蝇的基因组计划，并在这上面耗费了比他预计还要多的时间。他将这项工作放在首位是因为除他之外，似乎还没有别人同时在做这项工作。所以当克雷格说他的公司将要对果蝇基因组进行测序时，他洗耳恭听。

> 克雷格并不知道我会有什么反应。我马上说："好呀，任何人只要愿意共同完成果蝇基因组计划，并同意把这些数据放到基因银行中就是我的朋友。"克雷格的回答是："行，我愿意。"

格里是个实用主义者，他一眼就看出自己竞争不过克雷格，与克雷格合作对他自己也有好处。事后我和格里还曾讨论过此事，我也同意，格里别无选择。几个月后，最后被命名为塞莱拉的克雷格的新公司和加州大学（格里接受美国国立卫生研究院测序工作资助时所挂靠的单位）签署了一个包含免费公开数据的备忘录。

格里如此轻易就接受克雷格的要求令很多人非常吃惊。科学家在学术上对于他人的成就和领域保持尊重。虽然科学史上不乏为某项研究而互相竞争，或是为了谁是第一而争吵的事例，但现在申请科研资助和论文发表的程序使得这种现象很少再出现。的确，如果前者在某个领域的研究没有很大进展的话，就会被其他人取代。至少在美国，没有哪个政府资助的科学家会申请果蝇测序的资金，因为每个人都知道格里正在做这项研究。美国国立卫生研究院也不会再资助这样的申请，因为资助机构不喜欢重复。之所以有些人难以忍受克雷格，而另外一些人又很欣赏他，部分原因在于他无视这一大家所默认的科研规则，加上还有珀金埃尔默公司的资金做后盾，他有能力做到这一点。格里说自己从没觉得果蝇基因组计划是专属于他的，他个人的兴趣是果蝇分子遗传学，也愿意尽快回去研究果蝇是怎么回事。格里仍进行着一个小的基因组研究项目，以防止万一克雷格的努力失败，把鸟枪法对果蝇基因组进行直接测序部分交给公司。

对于线虫，克雷格已经来不及插手了。早在1990年，大家就在猜想到底是线虫还是果蝇先完成全基因组测序。那时，桑格中心并不被看好。我和鲍勃·沃特斯顿加入后，线虫计划开始迅速领先，到克雷格宣告时，我们的工作已经接近完成。如果不是提前很多时间来完成线虫测序，克雷格很可能会挑线虫，或者仍做果蝇项目赶超线虫计划。幸好在鲍勃的坚持下，我们的线虫计划能够以超出预计的速度完成。当初要是按我的计划，克雷格将会超过我们。为什么要争这个第一？这不仅仅是个人荣誉的问题。桑格是一个大规模的公益研究中心，它雇用了一大批工人，得到了许多来之不易的资金的资助。所以我们必须给自己定出严格的目标，并且在面对竞争的情况下完成。只有这样，才能对得起这些投资，才能继续获得投资。这也是一个推动科学前进的有效动力。中心的科学信誉也使大家信任我们数据的质量和处理方法。

克雷格已经宣布了介入果蝇基因组计划，并扬言要轻松地达到目的。难道还要让其在人类基因组计划中再现吗？克雷格现在得到了公众的广泛支持，将来也会得到舆论的支持。我相信一定有高手给他支着儿，但是毋庸置疑，在时机选择和计划表达方面他有极高的天分，而且从某种程度来讲，是极其出色的。这些技巧对于大多数科学家来讲，从来没有学过，也没有机会去施展。传统的科学家，在没有完成自己的工作且没有被同等水平的专家评议的杂志接受以前，不会将之公布于众。这样的话，就不会有重大新闻发布之后令人窘迫的撤稿，就像 1989 年，斯坦利·庞斯（Stanley Pons）和马丁·弗莱希曼（Martin Fleischmann）"发现"冷聚变的事件一样。而现在克雷格的目标已超出了科学领域，他的目标是商业利益。对一个商人来说，首要目的是如何进入市场和获得利益，而不在乎什么科学信誉。

在刚开始的新闻报道中，以尼古拉斯·韦德在《纽约时报》的文章为代表，克雷格的公司被描绘成一个比公益人类基因组计划更高效的代替者。这些报道以两个例子说明，即新公司将以更快的速度和更便宜的价格完成基因组的测序。珀金埃尔默公司最初的新闻发布说：新公司将在 2001 年得到一个"充分完成"的基因组，比人类基因组计划预计 2005 年的完成日期提前了 4 年。珀金埃尔默公司没有透露整个项目的花费，但大多数的报道引用克雷格在 5 月 11 日记者招待会上提及的人类基因组计划总预算 30 亿美元的 1/10。这些报道没有把两者放在同一个尺度下衡量。公立计划的目标是得到完成图，即不存在缺口且准确率达到99.99%。而克雷格的公司，正如他在冷泉港对基因组领导所宣称的，并没有打算做需要人工操作、耗费时间的补缺口阶段，这是个耗费大量人工的过程。他的目标是通过全自动化的过程得到尽可能多的数据，然后就结束。克雷格在冷泉港就这一点对其他基因组中心的领导讲得很清楚。虽然后来克雷格又坚持说他们的数据将非常准确，能达到在基因组测序领域所认可的低于万分之一的差错率，但很显然，用全基因组鸟枪法测序只能产生我们现在所说的草图（事实果真如此），而不是完成图。

至于研究的开销，整个人类基因组计划在测序上花费的只是一小部分投资。与线虫、果蝇和酵母的基因组计划不同，它还涉及基因组研究对伦理、法律和社会所造成的影响的研究，以及其他关于新技术的开发、数据库的支持和生物信息学的研究计划。克雷格在那个新闻发布会上还说过将把测序的费用从每个碱基 50美分降到 10 美分。每个碱基 50 美分是完成图的价格，在一些一流的中心成本已经降了下来。而完成图阶段的花费至少占整个开销的一半。我和鲍勃·沃特斯顿两年前就提出了将每个碱基降到10美分的水平。还有一个广为人知的人类基因组计划的不足是，15年的计划已过了一半时间，却只完成了3%的人类基因组测序。实际上，在刚开始的6年内，我们有意通过完成小的基因组来扩大规模，完善技术，就像在20世纪80年代人类基因组计划的奠基者所计划的那样。完成人类基因组计划曾经那么遥不可及，而现在已经变得切实可行了。实际上，我们购买应用生物系统公司的产品并与其合作，帮助它研发了现在克雷格公司将要采用，并且我们也很想使用的更快的测序仪。还有一点，3%是已完全完成测序的部分，如果算上在数据库中已组装上但还未完全测完的克隆，这个数字应该是13%。

弗朗西斯·柯林斯作为美国国立人类基因组研究所的领导，不得不承担这些公开或不公开的对人类基因组计划的批评。桑格中心有一个别人无可比拟的优势，即一个与政治无关的、独立的基金会——威康信托基金始终在支持我们。而美国则不同，由于有共和党把持的国会，弗朗西斯担心，任何一个说私营机构比政府资助的实验室做得更好的提议，都会在众议院得到广泛的支持：

现在，公益性的人类基因组计划被描绘成采用笨拙、刻板且官僚的难于实现的技术方法，而私人的克雷格公司则是一个采用了神奇的全基因组乌枪法，测序工作高效的家伙。这些

共同的生命线——
人类基因组计划的传奇故事

描述实在很不公平，也很令人伤心。这对那些苦苦挣扎的政府投资的研究计划也是一个巨大的威胁。

尽力让记者去写我们认为将要被忽略的、相对较复杂的分析是件很困难的事情。很快我们就认识到要想继续这个项目，必须玩争夺公众支持的游戏。那并不是随意许愿和空谈，我们需要赢得公众对我们的信任，而非被想象成克雷格所描绘的那个花费昂贵的空架子。这就是那个星期三我和迈克尔·摩根想从威康信托基金的管理人员处争取到的。早在得知克雷格公司的消息以前，我们就在精心筹备把我们的测序能力扩大一倍。简、戴维和理查德准备了如何降低成本、扩大产出的详细报告，我对此一窍不通。我和简、理查德一起坐火车去伦敦，我的包里放着一张手写的透明胶片，上面列着一些要点，末尾是我最后匆忙写下的有关克雷格公司的要点。

5月13日，威康信托基金的董事们围坐在尤斯顿路信托基金办公楼会议室的桌旁等着我们。我只讲了几分钟，我告诉他们我们仍处于有利的位置，如果我们能承担1/6以上的测序任务，英国还将在人类基因组计划中占主导地位。我还补充道：如果想让基因组信息免费共享的话，在克雷格的新公司出现的情况下，我们必须坚持立场。对"我们为什么这样做"的问题，我已准备好了答案。三年前，美国之外的，尤其是法国、德国和日本看起来好像要在这个计划中起重要作用。但到1998年，很明显这是不可能的，这些国家只是小角色，如果要有一个有影响力的国际参加者的话，只有英国。没有强有力的国际参与，整个基因组计划可能会被商业公司控制。

说完后，我们走出会议室等待表决。过了一会儿，消息传了过来，他们同意了。我们的投资将翻倍，使我们有能力完成1/3的人类基因组测序任务。迈克尔·摩根觉得只要决策者理解了克雷格的本意是把整个基因组操控在私人手中，那他们就会支持我们：

在参加星期三的答辩会时，每一个人都被激怒了。他们的陈述振奋人心，董事们说："我们必须这样做。"

这是一个激动人心的时刻。我对信托基金董事们的支持表示感谢，并告诉他们，为完成基因组计划，桑格中心和信托基金结成了密不可分的伙伴关系。还有一点感受我没有说，通过这项资助，董事们对我们的信任达到了一个空前的高度，这是我们过去一直盼望，但始终没能实现的。失去了医学研究委员会的资助，形势变得很糟糕。虽然不能做什么，但我还是觉得，1995年他们拒绝英国的桑格从事1/3工作的提议是丧失了一次机遇。在随后的两年里，我们一直觉得桑格中心没有做它应该做的事情。这期间，我们拼命工作，取得了很多成就，但我们不得不赶进度。我们尽力通过扩大规模和争取资源来减少负面的影响。理查德·德宾评价说我有力地推动了规模的快速扩大，承担了更多的染色体任务，

共同的生命线——
人类基因组计划的传奇故事

并把将要完成的线虫计划的工作人员调到人类基因组计划这一边，从而"促进了合理化的边缘效应"。我记不起怎么"推动"来着，但是我倒的确没有阻止这种态势的形成。

有了这笔资助，所有的不快都被抛到了脑后。迈克尔非常高兴，他做的第一件事就是打开一瓶香槟庆祝，然后我和他立即与简和理查德坐在新闻办公室开始起草我们的新闻发言稿。当天晚上，简飞往纽约，我和迈克尔第二天也赶往纽约。

在冷泉港的第一天晚上，我们很难控制自己的兴奋情绪，而其他人则情绪低落。克雷格在正式会议前就走了，对所有的批评置若罔闻，也不准备妥协。现在我们需要的是一个有力的联合回应，只是大家还没有就怎么回应达成一致意见。坦白地说，人们分为两派。一派（以埃里克为代表，在这个时候他是对的）担心我们不能及时完成任务，建议立即转变策略，加快测序产出，以最终击败克雷格的公司。其他人（包括桑格中心和鲍勃在圣路易斯实验室的一些人）则认为不应在既定策略上有重大改变，坚持目前的逐步测序和完善的策略。在两点上大家达成了一致意见：首先不论用何种方法，最终目的仍是得到准确率达到99.99%的最终序列。另一点是美国方面非常担心的，从克雷格声明的口气中，我们担心他能说服国会，使国会认为再资助人类基因组计划是浪费钱，这是一个真正的危机，很可能使我们彻底输掉。

拖着长途跋涉的疲倦身体，我与鲍勃和他圣路易斯的团队成员在布莱克福宾馆一起焦急地盘算我们进退两难的处境。他们强烈反对改变既定策略，又担心还按既定步骤走会让克雷格利用人类基因组计划的缓慢进展捞取政治资本。里克·威尔逊抑郁地说："现在是双输局面。"早先我刚到时，简抓住我说："你一定要做点儿什么！"美国公立测序活动真的有彻底崩溃的可能性。即便形势没有那么坏，她也害怕我们经过检验的以作图为基础的方法，会在我们自己的伙伴（像埃里克·兰德等人）意见占上风时而改变。埃里克转向不太系统的方法时损失较小。看起来当知道克雷格的声明后，埃里克比任何人都沮丧，并且在作图问题上与戴维有过激烈的争论。这使我很疑惑，因为那时埃里克他们的成果也不是很多。不久以后，我终于理解了这一点，因为他把怀特黑德研究所定位为居领先地位的原始序列数据产生者。

在这次会议的第一个晚上，一些没有参与大规模测序的与会者看见基因组实验室的成员心情抑郁地聚集在角落里时，我看见他们似笑非笑的表情。很明显，那些"拥有很多投资的几个人类基因组测序中心日子不好过了"的想法让他们心情不错。那些没有笑出来的人也没有真正理解我们在为什么而抗争。在温哥华领导一个基因组中心的迈克·史密斯（Mike Smith）信步走进我们的谈话圈，想加入通常在会议休息时间进行的研究讨论。我告诉他我们在进行私人谈话，这使他很难堪。第二天早饭时，我坐在他身旁，告诉了他详细情况。要点是基因组实验室不能再像从前那样，只有几个独立的科学家和一些技术支持人员，因为我们在"做大生意"。那时，鲍勃和我的"生意"最大。埃里克·兰德也在梦想拥有最大的基因组研究所。当然这并不是一个人能做的事，就像把东西从冰箱里扔出去，或者实验不成功就从头再来（当然，知错就改是科学的态度）。我们现在有近百名训练有素的工作人员，你不能把一个如此大规模的研究中心看成一个个人实验室。从表面上看，我们就像是憨头憨脑地捍卫着我们的利益，其实我们在这个位置上的责任不止这些，没有我们，人类基因组将被私有化。

我努力把这些向迈克·史密斯解释清楚，但我觉得他没有完全理解。他反驳道："你们什么也没有给别人剩下。"但是，如果让这些小的基因组中心承担整个项目，那克雷格必然会把它们一勺烩的。我们面临巨大的压力，对与错的评价标准与生物学会议上通常的是非观完全不同。迈克是个大好人，他于2000年10月因癌症不幸去世。鲍勃和我不得不遵循迈克的思维方式倾力而为，促进事情的转变。首要的是保持士气，详细讨论克雷格的声明对我们的影响并想出应对之策。

当时我的想法是除了扩大规模、提高效率外，在策略上不需要做重大调整。桑格中心不像美国的同伴，毕竟我们已经得到了进一步的资助。我们的时机把握得如好莱坞的电影剧本那样恰到好处。星期五早晨，会议组织者在正式日程之前，给了迈克尔·摩根和我发表声明的机会。会议所在地冷泉港格雷斯礼堂座无虚席。迈克尔首先发言，他解释道，威康信托基金重申了对高质量的、完整的、所有人免费共享的国际人类基因组计划的支持，并通过加大资助桑格中心以使其测序产出翻倍。他针对文特尔－汉凯皮勒准备对部分序列申请专利的计划发表了一个挑战宣言：威康信托基金反对就基本的基因组信息申请专利，并准备在法庭上挑战这类专利申请的合法性。这正是与会者应该听到的，当他发言结束后，拥挤的大厅内的全体与会者起立热烈鼓掌。迈克尔擅长演讲，并且非常清楚自己的作为：对美国国立卫生研究院施加压力，以增加对基因组测序的支持。他喜欢那个时刻的感觉，后来他说："那气氛真热烈、奇妙、令人激动。"

随后，我走向讲台准备补充几句。这时我突然看见吉姆·沃森在礼堂的一边，在昏暗的灯光下，目光闪烁。这情景立即使我记起了BBC（英国广播公司）的关于DNA发现的电影《生命的故事》（*Life Story*）中的一个场景。其中有这样一个优美的画面：杰夫·戈德布拉姆（Jeff Goldblum）饰演的沃森也是在礼堂的一角，目光闪亮地听着关于DNA的演讲。知道吉姆在这里，结束时，我说了这么一句话，虽然听着有点老调重弹，但是恰如其分："看起来，人类基因组测序可以在'某一个人'的一生中得以完成。"听众又一次爆发、跺脚、鼓掌，表示同意。

这的确是个很大的进步。弗朗西斯·柯林斯将威康信托基金的决定称作是"一剂兴奋剂"，而吉姆·沃森则更进一步认为"这绝对至关重要，尤其在心理上"。用鲍勃·沃特斯顿的观点来说，这让起初表现软弱的美国国立卫生研究院有希望占有一席之地。从此以后，我很少听到国会将停止资助人类基因组计划的悲观论

共同的生命线——
人类基因组计划的传奇故事

调了。下一期的《自然》杂志的编者论说："这个发言是合理的竞争，而不是无理取闹。"问题是，我们该怎么运作？克雷格的出现迫使我们去寻找一个既能迅速看见结果，又不至于牺牲掉最终标准的策略。

5月末，在美国国立卫生研究院会议中心所在地，弗吉尼亚州的艾尔利大屋（Airlie House），人类基因组组织的领导聚在一起。会议的目的是规划出1998—2003年人类基因组计划的五年计划。我和理查德·德宾代表桑格中心，迈克尔·摩根仍然代表威康信托基金。迈克·汉凯皮勒代表应用生物系统公司，并间接地代表克雷格的公司出席。这是一个气氛紧张的会议。哈罗德·瓦穆斯明确指出，将有足够的资金提供给美国的中心，但资助取决于是否有一个统一的策略。非常明显，既定目标中将加入某些加速方案。而某些实验室在应对这个挑战时比其他实验室更有优势。目前还存在很大的分歧：是首先得到一个能够更快完成的草图而迎接挑战，还是保持现有稳步前进的方法直到做出完成图。

会议结束时，虽然有强烈的反对意见（主要是理查德·德宾和菲尔·格林）但多少达成了一点共识，即尽力将全基因组已作图的克隆用快速鸟枪法测序——可能是3倍的覆盖而不是通常的6倍覆盖，同时加快完成序列的产出。我的另一个目标是让大家认识到必须严肃对待克雷格的公关能力所带来的威胁，并积极促进公立人类基因组计划。会议快结束时的一个温暖的傍晚，鲍勃和我在游泳池边堵住了弗朗西斯·柯林斯、迈克尔·摩根、艾伦·威廉森，与他们商量并得到了他们的口头同意，即发动一个公众的宣传活动，强调公立计划的优点并纠正其他方面的错误信息。

鲍勃和我都认同采用快速鸟枪法，即先迅速发布序列草图的决定。从线虫时起，我们就习惯于发布未完成数据的想法。但现在遇到了我们自己同伴的反对，我这边，简，尤其是理查德认为不应该将测序与完成分割开来。还有一个重要的未解决问题，即国际参与者的分工。

就在这个计划的领导在达成最后决议时，美国国会，至少是国会的一个下属委员会，召集了一个听证会，调查克雷格尚未命名的新公司将对联邦政府资助的人类基因组计划有何影响。6月17日，克雷格向国会科学委员会的能源环境委员分会作证词，阿里·派翠诺斯、弗朗西斯·柯林斯及华盛顿大学的梅纳德·奥尔森也一同参加了这个听证会。

梅纳德在很多方面起着监督人类基因组计划最后完成图质量的作用。他是公开质疑我和鲍勃首先建议的"狂大基因组"计划（见第四章）可行性的人，认为这样会降低得到完成图的可能性，但到最后他还是支持了我们。没有人会不经思考就妄下结论，他念给国会成员的、对克雷格声明看法的证词言辞激烈。他说：

围绕着珀金埃尔默公司声明的、精心策划的公关活动所产生的激动情绪，无法掩饰一个事实：我们所得到的既不是新的技术，更不是什么新的科研活动，只是一个新闻发布而已。

他还继续用上了学术界对无法令人信服的声明的标准挑战词："给我看数据。"梅纳德预计克雷格全基因组鸟枪法在组装阶段将遇到无法克服的困难，得到的序列中会有10万个"明显的缺口（三年后，得到的就是充满缺口的序列）"。

弗朗西斯在自己的发言中继续批评克雷格，并就克雷格所说的每季度公布一次结果和公立计划的每天公布结果之间做了一个对其不利的比较。他还正确地指出："任何延迟都可能导致科研浪费。经过一段时间，如果优先考虑商业利益的话，他们公开数据的承诺将会改变。"不过，弗朗西斯明确地希望："不要把私人支持的基因组测序计划和公立计划看成是互相竞争的。"同时表示美国能源部和他的研究所也愿意有机会与克雷格的公司合作。

轮到克雷格发言时，在以他的方式称赞人类基因组计划的成就前，他简要地向委员会介绍了他的科研成就，包括与同事在国立卫生研究院"发展了一个鉴定基因的新方法"（所谓表达序列标记的言过其实的研究）。谈到他的公司时，他首先向委员会的成员保证，"新公司业务计划的重要特点是向公众提供序列信息"。关于专利，他继续宣称"我们的行动将使人类基因组序列不被专利"，但补充说他的公司将对约100~300个完全定义的重要序列结构寻求知识产权保护。到委员会开会评估最后的声明时，克雷格说他的公司对人类基因组计划造成的影响"将重新引导它很快从 DNA 序列信息进入使我们更好地理解和治疗……疾病的研究中去"。他也反驳了"竞赛"的说法，说公立计划应该有能力接受并与新生事物合作，而不是与它们竞争。

克雷格巧舌如簧，他的信誉丝毫无损。相反梅纳德·奥尔森后来被证明是正确的当面批评，则被很多评论家认为是嫉妒心理的体现。另一方面，国会委员会的成员那天所听到的不可避免地让他们认为，是停止支持美国国立卫生研究院和美国能源部的人类基因组计划的时候了。弗朗西斯也说明了人类基因组计划根本没有迟滞不前，到现在为止在预算内达到了所有的预定目标，预计将来也会高效地完成新的任务，拖延的说法是不成立的。

三个月后，克雷格的新公司最终被命名为塞莱拉基因公司。这之前，我们不得不把它叫作"文特尔－汉凯皮勒提议"（简称为"文特尔皮勒"）。它还有一个容易记的公司口号："速度就是一切，发现不能等待。"该公司坐落于马里兰州的罗克维尔市紧挨着基因组研究所实验室的两栋方形建筑物内。一栋是计算机中心，另一栋将安装新的 3700 测序仪。现在是弗朗西斯·柯林斯像克雷格和威康信托基金那样做出强有力的声明的时候了。经过多次谈判，最后在 9 月中旬他发表了一个关于下个五年的研究目标的声明，主要内容是：2001 年国际协调委员会将公布一个覆盖率达到 90%、准确率为 99% 的基因组草图；到 2003 年在 DNA 双螺旋结构发现50 周年之际，完成所有的测序工作，错误率小于万分之一且没有缺口。"其他人做不到这一点。"弗朗西斯的这句话切中要害。

　　我对这个声明还比较满意。但在看似统一的、以弗朗西斯为代表的人类基因组计划参加者的平静表面下，暗藏着把这个脆弱的联盟击垮的矛盾。克雷格说什么或做什么不再是最要紧的，现在需要解决的问题既有技术方面的也有政治方面的。当前所采用的策略依赖于有一批已经定位的克隆，即一段已知染色体的位置的细菌扩增而来的 DNA 片段。纽约州布法罗市罗斯韦尔公园癌症研究所的彼特·德容（Pieter de Jong）制作了每个克隆约 15 万碱基长的细菌人工染色体文库并将其提供给测序中心。与此同时，斯坦福大学的戴维·考克斯（David Cox）和英国的彼得·古德费洛（Peter Goodfellow）研发了一个叫作放射杂交作图的技术。这项巧妙的技术使对全基因组的标记排序更加快速，这些标记就可以当作探针挑出人工染色体的克隆来测序。戴维·本特利的小组用染色体特异性探针来挑出属于我们正在测序染色体的克隆，然后用 DNA 指纹法鉴定每一个克隆，这些和我们在线虫基因组测序中所采用的策略一样。只要你有了足够的克隆，就可以用 DNA 指纹法通过比较克隆之间的重叠区得到这些克隆与染色体相对应排列位置。

　　完成了以上的工作后，就可以开始测序工作了。最有效的方法是选择对应于染色体的有重叠的一组细菌人工染色体，我们称之为最小错位重叠法。这些细菌人工染色体被打断成约 2 000 个碱基长的片段，就可以进行测序反应了。桑格中心已经宣布承担整个人类基因组计划的约 1/3 的测序任务，包括了 1、6、9、10、13、20 及 22 和 X 号染色体的一部分。早在我们得到扩大规模的投资前，我们就提出过这样的建议。这被理查德·德宾称为边缘政策，它有效地让其他人认识到每个染色体都要被认真研究的重要性。在百慕大会议上，也有人通过双边的协议确定研究某个或某一段染色体。不是所有承担任务的人都具备资金或实力，需要有一个大家同意的措施来决定如何应对那些超过自身能力的承包者。到 1998 年 9 月，所有的染色体都被承包。但并不是每一个被承包的染色体都既能被迅速作图，又能被大规模测序，并且任何想开始测序工作的人都不得不依靠别人提供已定位的克隆。

埃里克·兰德对这种形势极为不满。他相信克雷格实际上有能力完成人类基因组，并认为只有承诺以同样甚至更快的速度测序才是最好的回应。怀特黑德的基因组中心只是从 1996 年起才开始大规模测序，当时测序的是第 17 号染色体——美国国立卫生研究院先导项目的一个部分。让埃里克更为担心的是中心自身不能提供已定位的克隆，这意味着没有足够的克隆，就不能达到他现在所想要的速度。埃里克认为唯一的解决办法是放弃按区域、按染色体进行测序的方法，允许任何有能力的中心去测覆盖全基因组随机分布的人工细菌染色体克隆。10 月早些时候，在华盛顿的一次非正式会议上，他向弗朗西斯和鲍勃解释了他的想法。他建议，将每个克隆测出来的头 100 个读长与中央计算机的数据库比对，看其他中心是否已经测了这个克隆，如果答案是肯定的，就

共同的生命线——
人类基因组计划的传奇故事

放弃这些读长开始测另外一个克隆。测完的克隆以后再用作图的方法组装到染色体正确的位置上。

鲍勃对这次谈话感到很头疼，很明显埃里克和弗朗西斯已经不止一次地谈论过这个问题，看起来其他的美国实验室对这个想法也感兴趣。更让人不安的是，这意味着放弃以基因组区域为基础的工作策略，这是百慕大会议上决定的策略，并且看起来在4个月前的艾尔利大屋已经被接受。对精确定位的区域测序将提供最高质量的最终序列，这是我们的终极目标。同时这个策略也能把人类基因组计划变成一个精诚合作的国际团体，参加者根据他们的兴趣和研究实力共同完成这个项目。在这种开诚布公的氛围下，每一个人都知道其他人在做什么。与此相反，采用随机克隆测序的方法，会使一些人有机会先挑选包含重要基因的克隆，从而比其他人更有条件得到商业利益。另外，划分区域测序的策略包含了从开始到完成的所有步骤，而如果大家都争着测尽可能多的随机人工染色体克隆，还有谁会负责最后的完成工作呢？显然埃里克并不在意这一点，他对鲍勃说："我们以后再处理这些细节。"

我从鲍勃那里听说这个计划的第一反应是这将直接威胁非美国的成员，以及已经按我们的方法做了很多工作的鲍勃。如果埃里克得到了能大幅度提高他的测序能力的资助，以及如果他和美国其他的实验室有能力去测任何一个其他地方尚未测过的人工细菌染色体克隆，那将破坏我们精心组织的环环相扣的高效的工作方法。我们只有加入这种一哄而上的测序工作，这个方法当然会迅速产生大量序列信息，但会给以后的工作带来新的问题，比如补缺口等。至于那些德国、法国和日本的小中心，因为本身就很难从本国政府获得资助，这样一来，前景堪忧。

在先前几个星期的讨论中，迈克尔并不知道这些情况，但当得知讨论重大的策略转变却没有征求威康信托基金的意见时，他极为气愤。威康信托基金和国立卫生研究院都同意每个资助机构都要管理所资助中心的工作。他给弗朗西斯写信抱怨说，已经选定的策略将被"缺乏合作精神的、昂贵的、自相矛盾的"方法所代替。简·罗杰斯、戴维·本特利和理查德·德宾都有同感，凡是熟知测序和相关信息处理过程的人都知道，根本策略的转变将会对工作造成多大的障碍。我们明确表示没有理由转变工作策略，但由于埃里克的提议得到了支持，我们的反对也无人理睬。毫无疑问，美国方面的意见是一致的，鲍勃·沃特斯顿仍然不喜欢这个提议，贝勒医学院的理查德·吉布斯支持继续现行的策略。但很明显，埃里克得到了菲尔·格林（对某些细节持保留意见）和西雅图的梅纳德·奥尔森的支持，这使弗朗西斯相信有必要做出改变。他们的证据是基于理论计算，即虽然和分布克隆法相比可能需要测更多的序列，但花费不会超过分步克隆法。到了10月末，大部分美国的测序领导，其中有一些更为热心，开始讨论"混合策略"，即一些中心按区域做，而另一些随机测序。这种想法听起来就一团糟，我绝不会支持这种妥协。

共同的生命线——
人类基因组计划的传奇故事

看起来，弗朗西斯已听不进其他人的意见了。我强烈地感到放弃我们的分步克隆法将大大降低我们对整个计划的影响力。维持现有策略就是坚持被实践工作所证明的科学的方法，而不是迄今为止只是纸上谈兵的方法。在电话会议上，我们不断被告知两种方法都有相同程度的风险。显然这不是事实，用分步克隆法我们已经完成了线虫基因组测序和大量的人类基因组序列。严格来讲，就工作效率而言，随机法需要人工细菌染色体文库在基因组上平均分布，在实际中这是不可能的。同时，这个方法也需要共享对照组。尽管这听起来有点儿自说自话，但是事实，至少对桑格中心来讲是这样的。更重要的是，我们要保护国际合作的氛围。有了强有力的国际伙伴，美国国立卫生研究院和美国能源部才能顶住要求与商业机构合作的政治压力。没有了国际参与者，很难说整个人类基因组计划不会落入商人手中。我相信这是一个真正的危机，对于全人类来讲，这个代价是无法估量的。

1998年10月中旬，在桑格中心管理委员会述职年会上，我们有机会讨论所有这些问题。这是第二次在布莱克尼举行这样的会议。布莱克尼位于北诺福克海边，是一个美丽的小港湾，出海口的一端在落潮时会露出沙滩和泥巴。大群的鸟在迁徙时飞过那里或停留在那里，你可以沿着海堤一边接近它们。这是一个奇妙的、祥和的地方，可以让你躲开平日的纷繁，静静地思考问题的本质。桑格中心的管理者基因组研究公司的董事们也参加了，包括从盖伊医院搬到剑桥大学做遗传学教授的马丁·博布罗和剑桥大学基督学院院长艾伦·芒罗（Alan Munro）。迈克尔·摩根也抽空待了一段时间。

令我惊讶的是，大家对于问题的现实性的认识趋于一致，这或多或少来自我的想象，但亦事出有因。我们很清楚自己在和强大的经济力量抗衡，同时弗朗西斯和他的智囊团要担负双重责任。依据1980年的《拜杜法案》（Bayh-Dole Act），美国国立卫生研究院有权利和义务通过鼓励私人进入政府支持的研究领域来支持美国的工业。在百慕大，弗朗西斯他们同意了无私的国际合作。没人对他们的合作意愿表示怀疑，但很明显，他们承受着巨大的压力，所以想找一个可行的妥协方案，而采用随机克隆测序法可能就是第一步。我们在英国挑头进行国际合作，但我们的行为对英国经济没有直接的贡献（虽然将来我们大量的成果可能会带来间接的利益）。在法国，让·魏森巴赫赢得政府的资助承担人类基因组计划一条染色体的任务。与此相对，德国政府认为最好的发展方向是参加可申请专利的应用项目的竞争，逐步减少对人类基因组计划的支持。实际上，英国政府的支持也很有限，所以我们要么确信这仍然是一个真正的国际项目，要么承认反对者的意见，彻底退出。就像理查德所说，我们需要探明将来究竟会怎么样。

显然，弗朗西斯已经听不进任何人的意见——不论是鲍勃·沃特斯顿、理查德·吉布斯或桑格中心的任何人，准备采用随机克隆法或其变通方案。我决定唯一的回答是抛开彬彬有礼的科学讨论，让他知道我的真实感受。以"友善的攻击"为标题，我

共同的生命线——
人类基因组计划的传奇故事

给弗朗西斯发了个电子邮件，表达了我的顾虑，认为他可能正在做一件克雷格·文特尔和迈克·汉凯皮勒没有做到的事情，即破坏国际合作的人类基因组计划。

我还指责他在工作策略上走回头路，并明确地告诉他，我认为他的动机出于政治目的，而不是科学目的（暗示他通过牺牲国际合作者的利益来增加美国在该项目中的分量）。我质问美国国立卫生研究院是否真的愿意从事一个真正的国际合作研究项目，指出其至少在一次新闻发布中有意无意地将整个计划变成彻头彻尾的美国项目。我告诉他，如果不能抛开新的策略，我们将考虑单独行动，而威康信托基金将重新考虑与美国国立卫生研究院的合作。我在信的结尾写道："我现在能够切身地感受到海湾战争中英军坦克指挥员的心情，他眼睁睁地看着他的战友被盟军消灭。"

静夜反思，这封信是一次感情的爆发，真实地反映了我当时的心情。但绝不是随意发泄。稿子起草了数天，征询了桑格中心同事们的意见（他们大部分的建议令我的语气缓和了不少）。我有意将这封电子邮件抄送给其他基因组中心的领导和一些相关的人，包括吉姆·沃森。

邮件发送后，立即就有了反响。弗朗西斯感到很伤心，我的强烈反应完全出乎他的意料。我并没有怎么参与此前数月间进行的电子邮件辩论，但简、理查德、戴维已经明确地表达了我们的学术立场。他立即寻求沟通的渠道，这正是我所期待的。我非常愿意为我造成的伤害，而非发出此信而道歉。我要让他意识到，他不能继续制定人类基因组计划的策略，而完全不考虑桑格中心的存在。作为此信的回应，事件接踵而至：一次气氛压抑的基因组中心领导的电话会议；受邀与国立卫生研究院院长哈罗德·瓦穆斯在伦敦会面；应邀去国立卫生研究院的学术顾问委员会发言。显然，这封信得到了应有的重视。

伦敦会谈是硬挤进瓦穆斯的繁忙日程的。在 11 月一个阴沉沉的大清早，我们在伦敦索霍的一个咖啡馆见面。马丁·博布罗陪我从剑桥过来，迈克·德克斯特也参加了，他新近从布里奇特·奥格尔维那儿接掌威康信托基金。我争辩说桑格中心和鲍勃·沃特斯顿在圣路易斯的实验室已准备好，并且能够提供供测序用的已定位的克隆。现在只有我们两个实验室和塞莱拉已经具备加速测序所需的高度工业化的构架，所以在塞莱拉的出现带来时间紧迫感的关头，执行策略的根本转变是不明智的。桑格中心将承诺完成所负责的染色体。这时我并不觉得我们有了很大进展。瓦穆斯看起来不愿意代表美国的实验室做出相应承诺，更不用说替其他国家的实验室说话了（虽然后来他解释说在咨询弗朗西斯之前他不能那样做）。他质疑我为什么不把怀特黑德实验室列入已准备好大规模测序的中心名单内。这也证实了我的一个疑问，即虽然埃里克·兰德至今做的工作并不太多（和圣路易斯及桑格相比），但国立卫生研究院的高层已把他视为领导人物，甚至是人类基因组计划的领袖人物。

我不太想参加学术咨询委员会会议，因为觉得我只是被召去表明我个人的观点。吉姆·沃森让我有了这种想法，他的建议是

"不要去华盛顿"，在幕后，他曾强烈反对随机克隆测序法，并首肯了"友善的攻击"。临近12月初的开会日期时，看起来参加会议利大于弊。注重各国之间高层磋商的方式得到重视，同时，五大中心的领导也将在这次会议上碰头。这五个人是：贝勒医学院的理查德·吉布斯，圣路易斯华盛顿大学的鲍勃·沃特斯顿，美国能源部联合基因组研究所（Joint Genome Institute）的埃尔伯特·布兰斯科姆（Elbert Branscomb），马萨诸塞州剑桥怀特黑德实验室的埃里克·兰德尔及代表桑格中心的我。鲍勃·沃特斯顿要参加会议的消息表明我不会缺少支持。迈克尔·摩根也应邀与弗朗西斯·柯林斯谈话。

五大实验室之间聚会的传统始于此会，开始曾被戏称为"人类基因组计划的安理会"，后被称为G5。我决定尽全力去维持国际合作继续运行，同时坚持桑格中心在染色体分配上的立场。鲍勃和我承诺为全部参加者提供供测序用的克隆，以解决已定位的克隆短缺的问题。埃里克接受了这个建议，前提是如果已作图克隆的供应跟不上测序的进度，他可以随机选择细菌人工染色体克隆。在这件事上，鲍勃的实验室负责美国克隆的供应，最后在马尔科·马拉（Marco Marra）和约翰·麦克弗森（John McPherson）的帮助下，建立了整个基因组的中心图，从而避免了混乱。我根本无法说服桑格中心作图人员给埃里克太多的克隆，这有些难堪，但并不太令人吃惊，因为威康信托基金不鼓励我们为他人作图。美国的资助机构最终承诺确保完成剩余的染色体。总而言之，这次会议收获颇丰。

虽然政治是重要的，但相比起来，第一天对国立卫生研究院的学术顾问委员会所做的陈述拘泥于形式。在这个参加者按级别围坐在中间桌子旁的大房间里，我感到莫名其妙的紧张。我听从命令，被召集而来，就像一个世纪前殖民地的总督听从伦敦的召集一样。这个实用的政府的大会议室，没有彩旗，甚至根本没有装饰，却是如今全球最富强国家的权力舞台。国立卫生研究院每年有150亿美元的预算，是威康信托基金的20倍，他们为什么要听我的？

这次委员会会议是为批准弗朗西斯对国会为人类基因组计划资助的分配方案而召开的。弗朗西斯陈述了在10月已经说过的策略，既在2001年完成草图，到2003年拿出完成图。我的任务形式上很简单，就是站起来代表桑格中心说英国将支持这一策略。做着不难，但责任重大。实际上这也是自从塞莱拉公司出现后我第一次和克雷格·文特尔碰面。自从1996年百慕大会议后，我就再没见过他。不是因为我刻意回避他，只是没有见面的理由，当然我也没有看到任何形式对话的必要性。

在冷泉港会议后不久有一个不期而至的电话会议，克雷格·文特尔和迈克·汉凯皮勒想知道我对他们声明的反应。"这不是直截了当的事"，他们说，他们真的想把序列提供给所有人。我愿意与他们合伙吗？我迟疑了一会儿，世界上没有绝对的事情，一个人考虑问题要从自身利益出发。弗朗西斯和哈罗德肯定会受这个提议诱惑，避免对抗，达成妥协，和平地把这项工作完成。

随后，我记起了应用生物系统公司做过的事：企图控制组装软件和控制人类表达序列标记以获利，逼走吉姆。不管这两个人干什么，一切目的都是为了利益。我回想起了伯克利的克莱尔蒙特旅馆大楼。我回答说"不，谢谢"。我们又谈了一会儿他们关于建立最可靠数据库的计划。我不止一次浮现出一个想法，我对他们说："你们想作生物学的微软，不是吗？"他们回答说："啊，不是的，根本不是那样。"一段时间后，我看到有文章把克雷格·文特尔和比尔·盖茨相比。有人将此看作好事情，但基因组是一种特殊的资源，而非一种技术。

在顾问委员会会议上，克雷格紧挨着我坐，我向他致意并与他握手，但并没有感觉到他的友善。与一个我认为可能要摧毁我们为之努力奋斗目标的人坐在一起，感觉很微妙。

克雷格出席还因为另外一件事。相较于随机鸟枪测序法，它更将威胁到脆弱的公共投资的测序实验室联盟。美国能源部的阿里·派翠诺斯，没通知弗朗西斯和所有通过他的研究所获得资助的实验室，就与塞莱拉草拟了一个备忘录。他为克雷格提供细菌人工染色体文库，而克雷格则与他合作，完成能源部联合基因组研究所承担的人类5、16、19号染色体及小鼠的相应区域作为回报，重点是寻找重要的药物作用靶基因家族。几个星期以前弗朗西斯才知道这件事，并告诉了我们其他人。很明显，能源部是在政治压力下与塞莱拉合作的，但这个协议草案的内容违反了能源部的科学家曾经签署的百慕大协议中关于免费提供数据的条文。

在顾问委员会前一天的 G5 会议上，在以埃里克为首的其他中心领导的压力下，能源部资助的实验室退出了与塞莱拉的谈判。这也难怪克雷格参加这个会议时显得不太高兴，特别是他被告知不能发言。会议马上就要结束时，克雷格被邀请就塞莱拉计划的变化做报告，但他抱怨说没有做准备，同时说和上次所说的一样，如果有什么变化将会公布。像 6 月在国会听证会上一样，克雷格又一次声明，他并不想破坏公立计划的努力，而且很期盼与之共同工作。看起来，克雷格不能也不愿意承认，他的商业野心在公开数据上与人类基因组计划的政策相左且不可调和。

回到英国后，就这件事情我感觉比前一段时间好多了。也许，塞莱拉和美国能源部的故事让所有人认识到公共实验室团结起来的绝对必要性。在看到事情脱离危险后，解决了为其他中心提供大量已定位克隆的问题，以及多少看在国立卫生研究院的面子上表现出来的团结，总而言之，这些天的成就对于数月来危机四伏的人类基因组计划来说是好事连连。

现在，我正在期待着一个庆典。自从在赛奥赛特确立线虫基因组计划后，经过近 10 年，终于要发表它的序列了，也是历史上第一次完成动物测序（即便是多细胞生物这也是第一次）。这篇文章 12 月第二周发表在《科学》杂志上，并且国立卫生研究院和医学研究委员会在大西洋两岸同时召开新闻发布会。鲍勃·霍维茨参加了在华盛顿召开的记者招待会，他清楚地记得当时的情景：

在台上有弗朗西斯。美国科学院的布鲁斯·艾伯茨评价着这项伟大的创举。还有哈罗德·瓦穆斯、鲍勃·沃特斯顿和我。在一个小台子上有台电视监视器，上面显示着约翰的面部特写。

鲍勃·霍维茨在发言中形容这项成就"比登月还有意义"，虽然都是人类的成就，但线虫基因组计划能被科学和医学利用。在英国方面我和实验室的一些人去了皇家学会。我讲到了测序和乔纳森·霍奇金（Jonathan Hodgkin）早期就和悉尼一起从事线虫研究，现仍在分子生物学实验室工作及此成就在蠕虫生物学中的应用。

实际上，完成线虫基因组测序曾经是我的一个最根本的任务。当然领导桑格中心是我的日常工作，而且我总是听从人类基因组计划的调遣。但即便是在充满危机的1998年——对人类基因组计划目标的怀疑，塞莱拉的出现，友善的批评——我还是花费了很多时间在实验室帮助补齐线虫基因组中的缺口。我、鲍勃·沃特斯顿和所有参加者都想完成线虫基因组测序。这是我们自己的，如果连自己的事情都做不好，那你就什么也没有了。完成自己的事情，同时还能做些其他的当然更好了，所以我并不后悔加入人类基因组计划。但是，那年年末，我感觉到就要实现我为自己设定的目标了。尽管那时线虫基因组还有一些难以补上的缺口，期待来年解决。

总的来说，线虫研究是胜利完成了：从 20 世纪 80 年代初期 6024 实验室开始，线虫研究产生了生物学的一个新的领域。小水滴已汇成溪流，加上其他的溪流，它已成为一条基因组学的大河，并且使生物学研究的方式发生转变。这种转变不是通过真实具体的实验，而是提供了新的工具和切入点，从而接触到生命密码的全部。基因组学取得了成功，我也有了成就，但就像细胞时代结束一样，不久基因组学也会结束它的辉煌。

和上个时代相比，生物学已有很大的不同。其中一点是规模更加庞大，但更大的不同是生物学正经历着市场经济的洗礼，基因组学的驱动占了部分原因。它现在不仅是为了无尽的探索和为人类的利益服务，同时也在追求巨大的财富。作为生物学家，我们不再纯真，而是漂流在所谓的现实世界，各显其能。从前，我并不和现实世界直接接触，我也不需要面对现实的丑恶。现在，看起来我已做不了什么科学研究，不得不加入政治斗争中，尽力去做一些哪怕很小的贡献，来改变潮流。

实际上，在最后得到承担 1/3 的人类基因组测序的资助后，我就有了返回实验室和信托基金的想法。这项资助确保了人类基因组计划的国际性，信托基金通过资助桑格中心确保它自己主要目标的实现，从而获得荣誉。简严格地管理着测序工作（她也是人类基因组计划我们所承担部分所有任务的项目经理），形势日渐好转。不再参加很多会议，我感到自己在实验室更能发挥作用。看来现在是我递上主任辞呈的时候了。

这并不是一时兴起。我曾经很明确地告诉理查德、简、戴维和身边的其他同事，当一切顺利后我就要退休。8 月末，我曾写信给管理委员会和基因组研究公司的董事们，明确告诉他们我想在 1998 年末声明退休，然后希望 1999 年末有继任者接替。这些事情需要时间，艾伦·芒罗警告我两年是个比较可行的时间，所以现在是时候着手做这件事情了。我提醒他们，我是一个不情愿的领导者，而我特别的研究兴趣意味着我不属于后测序时期的生物学领域。我补充说："在今天不断变化的生物研究环境下，我的直觉反应越来越不适应了。"我的意思是，我预见到像我们这样的中心将从生产基因组数据使所有人受益，转向更为具体地研究基因及其产物。看起来这种发展不可避免要牵涉到知识产权、商业发展等我从来没有想过的问题。

我相信随着各司其职的管理体制的完备，桑格中心已非常强大，我的离去不会对它有所影响。实际上，领导的更替更有好处，基因组学领域发展如此迅速，到 2000 年实验室如果想保持实力就需要"换血"。就像我的内部信件中所预测的，除非我坚决提出来，否则威康信托基金将会继续支持我，不会寻找继任者。12 月中旬，他们发表了这个声明。看来，提早行动是对的，直到两年以后，我的继任者才上任。

有一件事情是清楚的，我根本不想成为人类基因组计划的公众人物。

第六章

政 治 游 戏

2000 年 6 月 26 日，我特别惊奇地发现自己被当成一个小小的名人了。因为就在我发表演说前，那些摄影师还跑到我面前，喊道："喂，约翰！这边！"我知道这一点在公众眼中意味着什么。演说结束后，我就被镜头团团围住了，全是冲着我来的，而且我不得不被拖走，因为采访者排起了长队。我想："真奇怪，他们已经弄清楚了这点，他们确实相信这很重要。"

　　就在当天，伦敦和华盛顿的联合新闻发布会宣布：公立的人类基因组计划和塞莱拉公司已经完成了人类基因组序列草图。在尤斯顿路威康信托基金总部的报告厅，我和桑格中心的同事们，穿着与平日不同的礼服，面对群集而来的新闻媒体。事情预先都安排好了。迈克·德克斯特主任先说了几句话，接下来科学大臣塞恩斯伯里勋爵（Lord Sainsbury）、迈克尔·摩根和实验室的成员都发了言。下午，我们几个去了唐宁街 10 号，观看正在华盛顿进行的比尔和托尼的新闻发布会。我们对托尼·布莱尔的演说有点儿恼怒，因为他的演说提到了塞莱拉公司，却很令人惊愕地没讲桑格中心，显得我们似乎没有插手似的。不过事实上，我们还是很高兴——那是官方与威康信托基金的问题。

我的主要任务是对记者们说，我认为桑格中心的人员为人类做了一件非常好的事，我同时也认为他们应该获得支持。公平地讲，此后我们真的得到了一些半路而来的应得的资助。我一直为得不到重视而感到愤愤不平。之前，每个人都把注意力放在"竞赛"上——我们的方法比塞莱拉的更好吗？谁会得第一名？几乎没有人说："等一下，这儿有一群人是真正为了人类利益在做这件事，另有一群人却是为了个人获益。"从那时开始，有更多的文章谈论了这个区别。

除了登月计划，还不曾有过任何一位国家首脑把自己与一项科学进展如此拉近，更不用说有两个国家的首脑同时参与。人类基因组计划在政治上至少有三点敏感性：它被视作一项花费昂贵的计划（尽管不能和登月计划相提并论）；其获得的信息具有巨大的商业价值；公众广泛关心这些信息最终会被如何利用。我们所有业内人士都清楚，我们的科学方向在某种程度上依赖于唐宁街和白宫的态度。

作为私人企业的冠军，克雷格·文特尔轻而易举地就获得了美国国会的支持。1998—2000 年间，英国投资者威康信托基金如此有影响力是非常必要的。如果人类基因组计划仅是美国国内的事情，那么，我担心由于塞莱拉公司在国会得到了足够的支持，国立卫生研究院的角色和观点会受到压制。

对 G5 的政治压力日益明显。一开始，我们的注意力更多是放在科学目标和为达到目标所需的一切东西上。1999 年 2 月，在休斯敦贝勒医学院，G5 讨论了要绘制序列草图的策略。我和迈克尔·摩根代表桑格中心参加。议程上的计划很激进，甚至宣称要比 9 月宣布的进程还快，弗朗西斯谈到要在一年多点的时间内搞出一个"工作草图"序列：

> 这次会议是一个转折点。大约一周前我得出结论，这是我们不得不做的事，我甚至没有告诉自己的雇员，我将会提什么建议。我的想法是应该把焦点放在草图上，基于 G5 已有的实力，我认为我们能够在一年后完成。

弗朗西斯并不确信他的提议会受到怎样的对待。他确信埃里克·兰德尔会喜欢，因为他们以前就此讨论过，同时贝勒医学院的理查德·吉布斯也很可能赞同。但是他不敢保证鲍勃·沃特斯顿和能源部的基因组中心会接受，也不知道我的态度如何。

> 很明显，约翰的观点将是决定性的。如果他反对，尤其是他坚决不妥协的话，提议很难通过。

那天的讨论很激烈。鲍勃虽然不在会议现场，但通过电话，他确实不敢相信弗朗西斯的提议具有可行性。他担心我们会偏离正道，搬起石头砸自己的脚，因为我们已经沿着这一道路完成了

15%的序列，如果继续坚持的话，将于2000年年末达到一半。加快图谱制作的大部分工作会落到他的头上，生产测序流水线上需要的所有克隆对他来讲将是一项艰巨的任务。

我知道桑格中心的许多同事都会赞同鲍勃，但是我认为应该接受弗朗西斯的建议。在最终圆满完成测序任务这点上，我和鲍勃完全没有异议，但是另一方面，我总是喜欢把尚未完成的测序计划尽可能地加快步伐。在生物学团体中这很管用——线虫计划已经证明了这点，更重要的是，塞莱拉公司的威胁日渐明显，它自己搞测序，虽然不能断定序列未来的用途，但可以提前申请专利。

用弗朗西斯的话来讲，我的意见"改变了谈话的方向"。

鲍勃改变了主意，而且在那天会议结束时，约翰站在黑板前划分基因组。我们有了一个统一的策略——显而易见，从那时开始，路就这么走了。

3月中旬，我们公布了提速后的时间表，几乎每个人都为之惊讶。这次，人类基因组计划把塞莱拉公司撇在了身后，此时他们公司的完成目标日期仍定在2001年。尼古拉斯·韦德在《纽约时报》上报道此事时说："如果顺利，联盟提出的新日期将使得公共投资认为他们在某种程度上优于其商业对手——罗克维尔的塞莱拉公司。"克雷格全然没有给出精辟的反驳，只是说"新的时间表并不现实"，只不过是"计划的费用、计划的时间表"。这番话的讽刺意义就在于正是他本人通过新闻发布会打压整个公立投资计划的，而他完全是基于他还没有购买的机器计划的运行能力，这位记者显然忘记了这一点。

像克雷格一样吃惊的是美国5个已经参加了首期项目的基因组研究中心，看来它们要被拒之门外了。国立卫生研究院的声明包括计划将10个多月总共8 160万美元的资助分摊给三个中心：华盛顿大学圣路易斯分校鲍勃的实验室、麻省理工学院怀特黑德研究所埃里克·兰德的实验室及休斯敦贝勒医学院理查德·吉布斯的实验室。得克萨斯大学西南医学中心（Southwestern Medical Center）的格伦·埃文斯当年面对《科学》杂志的采访，大概是采用了保守的说法："这对我们所有人来说确实有点儿令人生气。"弗朗西斯向他们保证另外的资金会很快到位，可以提供给较小的中心，但是无法回避的事实是，在上个秋季递交资助计划时，他已在国立卫生研究院项目里有意识地把实验室划分出两个等级，一部分受到优厚的资助，另一部分则相对较少。

联盟的内在动力现在完全变了。在塞莱拉公司运作以前，圣路易斯和桑格中心已经成为世界上最大的测序中心联盟。我们之间有着友善的竞争，而在所有重要的事情上——比如选择用来测序的克隆所采取的区域性步骤及共享数据，我们都十分了解对方的情况。我们没必要互相敌视，虽然两个实验室的每个人都渴望自己的中心能比对方领先一点点，但是我们之间没有秘密。而且如果我们发现某项工作可以另辟蹊径时，我们会共同分享。我们也鼓励国际上其他的实验中心，比如在法国、德国和日本的中心，它们在游说政府对测序计划拨款时比我们要费更大的力气，同时又要遵循百慕大原则。

但现在情况不同了。鲍勃在美国的测序中心不再具有卓越的地位。1994—1995 年，我们对序列草图进行投标，但没能成功，那时我们两个已经预料到如果这个时刻最终会到来，那么圣路易斯－桑格轴心将领导群雄。我们已经考虑把基因组分为三部分，1/3 由桑格中心完成，1/3 由圣路易斯基因组测序中心完成，剩下的 1/3 由其他中心来做。但是事情在 1998 年逐渐发生了变化，鲍勃没能拿到足够的基因组计划资金来进行 1/3 的测序工作。对于加快测序进程以便能在 2000 年完成草图这一计划，弗朗西斯得到了国会的支持和拨款，他宣布分配他得到的拨款时，埃里克·兰德分得最多。他拿到了 3 490 万美元，其次是鲍勃的 3 330 万美元和贝勒医学院理查德·吉布斯的 1 340 万美元（同时，能源部有 4 000 万美元给它的联合基因组研究所用于测序）。但鲍勃对此结果并不感到吃惊：

> 我得到了我所要求的。我未能说服我们的团队拟定一个更高的目标，而且他们中有一种"公平竞赛"的观念。那时我们的场地也变得拥挤起来。我们错失了良机。

埃里克打算把他几乎所有的钱都花在鸟枪法测序上，而桑格中心和圣路易斯中心仍然承担绘图和测序的任务，并保证完成序列达到一定水准，鲍勃还要为埃里克和所有其他人提供定位的克隆。现在所有的结果都汇总到怀特黑德基因组中心，它的规模是最大的，在衡量初步测序结果方面由它严格把关。

当时，鲍勃病得很重。那年年初，他就得到令人震惊的消息——他已身患肠癌。虽然医生们认为他在化疗和手术后存活的机会至少是 80%，但我也许不得不面对失去最亲密的同事和好友这一事实。鲍勃的勇敢令人难以置信，并且他从未停止工作。他不能远行，但通过电话会议参加了休斯敦会议，并且继续参加几乎所有的 G5 和其他兄弟中心间的周五电话例会。4 月他做了手术，甚至在康复期，他身边也有一个迷你办公室，以便能与外界保持联系。像从前一样，他又一次以超乎常人的毅力来应对这次挑战。理查德·吉布斯曾对我说："他是一名斗士。"让我们大大松一口气的是，他的治疗很成功，当下半年开始时，我们知道他已度过了最危险的时期。鲍勃过去是，现在仍然是一个非常健康的人，他经常骑自行车往返于家中和实验室——这在剑桥也许很正常，但在圣路易斯绝对被视为出格。

就像美国一些较小的实验室，在听到工作草图的完成日期被提前到 2000 年春天时，国际上其他的中心也都被吓了一跳。对于参加过 1996 年以来历次百慕大会议，并自认为是联盟成员的其他测序中心来讲，G5 的存在简直是对他们的侮辱。德国耶拿分子生物研究所的所长安德烈·罗森塔尔（Andre Rosenthal）对此尤为不平。"这项政策的通过并没有遵循和过去一样'已经达成默契'的国际精神，"他对《科学》杂志说，"它给人的感觉是，'我们'被人遗弃了。"安德烈的愤怒是可以理解的。在英美科学家的压力下，他不惜代价地敦促德国政府同意免费公布数据，并且有望为他的研究所获得7%的序列任务资助——包括第8号染色体的大部分。现在看来，他所得到的回报就是几乎被规模巨大、资金来源充足的美英中心完全接管。日本在很大程度上也处于这种境地。东京大学人类基因组中心的榊佳之（Yoshiyuki Sakaki）已接近完成部分21号染色体的测序，并且已经购置了毛细管测序仪准备为基因组草图做点实质性的贡献。在巴黎的让·魏森巴赫当时虽然在人类基因组测序上贡献甚微，但在其他基因组和人类基因组图谱制作上成绩斐然。

因为桑格中心是G5中唯一的非美国成员，我和迈克尔·摩根都感到，我们在代表国际上其他基因组测序团体的利益上肩负着特殊的责任。在我的通信中，"其余国际伙伴怎么办呢？"这个问题好像总被反复提及。我认为保留他们作为计划的参与者很重要，但同时，我知道他们不得不加快速度，以便不落人后。在1999年国际策略会议上，他们最终聚在了一起，后来又于5月在冷泉港相会。尽管绝大多数测序中心都会参加年会，但由于时间紧迫，所以在基因组测序年会之外添加策略会议无论如何都是个好主意。我没参加，但简、理查德和戴维汇报说，会议开始时，每个人都心急如焚。弗朗西斯四处致歉，但是他接着就坦率地说 1999 年将是前进或止步的一年。无疑，塞莱拉将宣布基因组会在一年多时间内"完成"，而且国会面临某些方面要求其削减对公立基因组计划资助的巨大压力。所以我们只能以加快进度，紧密合作的方式，把大部分可用资源进行有效调整，分配给少数大中心来孤注一掷。

法国、德国和日本的团队最迫切需要的是，希望该计划的领导人能申明这仍是一个他们都有份儿的国际项目。会议结束时，他们在某些染色体的某些部分得到了他们所要的认可，但是前提是他们必须与其他人保持步伐一致。毫无疑问，我们要把完整的染色体给没有资金和资源的团队，以便它们到 2000 年春季截止日时能为工作草图做出贡献。虽然大家同在一条船上，但是谁在掌舵，这是毋庸置疑的。

公立资助计划的联盟正在巩固他们的组织，以便能扭转竞争者的威胁势头。显而易见，这是对有竞争者进入这一领域的过度反应，比如反对有国际财团资助的公司。实际上，塞莱拉的公关部门喜欢把自己公司与联盟的关系，比作大卫反抗歌利亚联盟，或特立独行的企业家克雷格·文特尔反抗势力强大的国立卫生研究院等权威机构。至今，这种政治性的即兴表演仍然在反复上演着，而且一些英国记者和大部分美国记者都非常热衷此道。当然，真相是截然不同的：塞莱拉公司的实力比它表现出来的更为雄厚。由于它代表着私人公司，国会里有许多反对政府资助项目的精于世故的人为其撑腰。克雷格通过反复暗示政府正在浪费钞票，明显地希望能影响国会对人类基因组计划的资助政策，甚至最好可以令其中止。我们绝不允许那样的事情发生。

桑格中心在测序产量方面，仰赖于自己的规模——当时是最大的中心，成功地避免了和其他非美国团队一起坐冷板凳。1998年6月，我们在中心举办宴会，庆祝测完了1亿碱基（包括正在被测序的所有物种）——这是我们领先于别人的里程碑。宴会上充满了愉悦的憧憬，大家开怀畅饮，而且我们保持了这个传统：2002年，当我们测完第10亿个碱基时，我们又一次欢聚一堂。但是新的草图期限仍然是一项巨大的挑战。我们不得不在一年内把产量提高两倍，而且不像埃里克，我们仍努力一如既往地把我们的图谱制作和序列完成保持在同一进度。我奋力争取，极力保持我们自己1/3的基因组测序任务。现在我们提交的结果将不得不接受国际联盟中所有合作伙伴仔细而彻底的检查。这是非常公开的，每天任何大于1 000碱基的拼接序列都会被添加到公共数据库，谁都能看到我们做了什么或没做什么。而且G5的周五例会要求每个中心报告一周的工作成绩，并对几周后的工作做出计划。保持每件事情都有据可查非常重要。美国国家人类基因组研究所在存档、记录方面做得很出色。

这种研究科学的方式和其他工作截然不同。大多数项目会按计划的时间表进行，但是科学家通常非常急于求成，所以没必要督促他们。我们是自愿处于强大的时间压力下的，并非每个G5成员都对击败塞莱拉公司感兴趣，但是看到其他成员一直在努力，剩下的成员不得不与之保持步调一致，否则就有可能被干得快的中心把测序任务抢走，而且测序结果也无法在短时间内突击出来。

我们需要的不仅仅是新机器，而且是一种新型的机器。当然，所有的测序中心现在都想买像塞莱拉公司安装的那种毛细管测序仪。珀金埃尔默集团成立塞莱拉公司的这一举措非常明智。当时，许多人认为一个集团和它的顾客竞争是令人质疑的商业手段。然而，实际上，不管怎样，珀金埃尔默集团都将胜出。如果塞莱拉公司将人类基因组计划赶出局，它将在基因组测序的专利拥有权方面赚得经济回报。如果，人类基因组计划决定和塞莱拉公司一拼高下——无论持平或赶超，就如后来发生的，它都将不得不去购买应用生物系统公司新型的毛细管测序仪——每次 30 万美元。换句话说就是，珀金埃尔默集团通过成立塞莱拉公司，已经极大地扩展了它的市场，包括 3700 机器及其配套的昂贵试剂。珀金埃尔默集团的首席执行官托尼·怀特清楚地明白他在做什么。后来，有人引用他在《财富》杂志中的话："那天在我们宣告塞莱拉公司成立后，我们开始了一场军备竞赛……每个人，包括政府，不得不重新装备，那就意味着购买我们的设备。"应用生物系统公司（1999 年春正式改名为 PE 生物系统公司）的产品几乎供不应求，同时迈克·汉凯皮勒发现自己成了双方抱怨的对象——都说他偏袒对方。但是我敢肯定，在珀金埃尔默集团成立了塞莱拉公司后，面对当年超过 10 亿美元的销售报告，这些抱怨对它而言只不过是微不足道的刺激。

作为 ABI/PE 生物系统公司的长期客户，我们早就知道了新的毛细管技术。事实上，公共测序中心对平板凝胶替代品的需求是加速它开发这一技术的部分原因。虽然珀金埃尔默并不是唯一生产毛细管测序仪的公司，但是经过评估后，我们（和大多数其他的基因组中心）决定选择 3700。这种变化将在整个业界产生冲击作用：新机器通过不同的化学反应来进行测序，同时需要不同的有组织的程序去处理样品。我们需要更多的场地来安装仪器，同时也需要建立新的自动系统，以便为测序挑选克隆和准备模板。理论上，桑格中心的空间不是问题。我们还未使用的楼的侧翼，即被称为西厅的那块楼面，那是为将来扩建准备的。但是它需要被装修成实验室，配备公共设施并且安放仪器，所有这些都要花时间。

　　整个实验室都面临着挑战。图谱制作员不得不加快克隆的供应，需要做更多的亚克隆，准备更多的样品，处理更多的数据。实现扩大测序规模的重任落在简·罗杰斯和人类基因组测序小组的负责人斯蒂芬·贝克（Stephan Beck）的肩上。斯蒂芬的拖鞋在实验室踢踏踢踏的声音更是不绝于耳。简希望能限制我们的转换程度，限制成本，所以她最初只订购了 30 台新的毛细管测序仪。埃里克订了 125 台，再次表明他想建设最大的测序中心的雄心。我们仍有 140 台像 377 这样老的仪器，其中的许多台当时每次能同时进行 96 条泳道操作。我们一天做三次，所以差不多每天要准备450 个平板凝胶。就这点来讲产量是不易攀升的，所以这也是新

共同的生命线——
人类基因组计划的传奇故事

技术吸引人的原因。但至少我们能在引进新的毛细管测序仪时保持着一个稳定的产量——尽管事后我们觉得如果替换那些老机器，最终可能会走得更快。1999 年的大部分时间，赶进度的经历简直就像一场噩梦，甚至计算机系统也一而再，再而三地在七八月间崩溃。桑格中心的系统管理员菲尔·布彻（Phil Butcher）和他的小组经历了很糟糕的一段时期，他们通宵达旦，等待难以捉摸的硬件错误复发。最后他们终于找到并换掉了出错的硬件，此后一切进展顺利。无论如何，我们都未达到目标产量，还好，我们的美国同事并不介意。重新开始运作时，我们很快提高了产量。

正如为了实现我们绘制草图的目标一样，我们也肩负着另一项主要的责任。4 月，由威康信托基金和 10 个大制药公司组成的联盟打算进行一项挖掘个体之间序列差异的计划。每个人有两套基因组：分别来自父亲和母亲。在任何两套基因组中，99.9% 的序列都是相同的——这就是为什么我们可被辨认为属于同一物种，可以一起繁殖后代。但是还有 0.1%——大概是总共 30 亿个核苷碱基的千分之一——是各不相同的。比如，在一个特别的位点上，这些拷贝的 2/3 也许有一个腺嘌呤，而另外的 1/3 有一个胸腺嘧啶。这些区别被称作单核苷酸多态性，或简称 SNP，它们是人类基因组序列中使我们表现为不同个体，而非相似克隆的区分点。虽然在这个星球上我们和任何其他人之间是如此相似，但我们之间还是存在数以百万计的可能差异。当然，也存在其他类型的基因差异，比如基因的缺失和置换，但是 SNP 是最普遍的。

实际上，大多数 SNP 可能根本没有起作用，因为它们不在基因组蛋白质编码区或调节区中。但是还有一些 SNP 决定了我们天生褐色眼睛，而不是蓝色的，或者影响着我们的身高，或者决定我们具有创造性或冲动性的程度。其中一些对我们的健康起着重要的作用。它们不一定会让基因像稀有的变异那样造成缺陷——就像肌营养不良病或血友病，但是它们能引起微小的差异，比如影响使我们对心脏病的易感性，或者是我们对一种特别的药物反应如何。而且这些细微效果主要是 SNP 的联合作用，而并不是单个 SNP 的影响。

SNP 引起了制药公司的极大兴趣，他们想把 SNP 图谱用于许多方面，包括根据遗传性状，为一个亚群的病人开发特制药物，以及更长远地将其作为药物作用的靶子。令人担忧的是，一如表达序列标记及完整的人类序列，人们出于淘金心态将会对大量的 SNP 寻求专利，从而限制了人类对它们的进一步研究。1998 年 5 月，这种担心看来被证实了，塞莱拉宣布"人类变异目录"（也就是一个 SNP 数据库）将是它的一个拳头产品。其他商业公司，比如因赛特和愈基（Curagen）公司，几乎立刻开展它们自己的 SNP 项目以作为回击，但只把焦点对准了基因组中的蛋白质编码区域。

葛兰素威康公司认识到，如果每个公司都争着建立自己的 SNP 数据库，将会造成时间和资源的巨大浪费，所以他们开始和其他几个大的制药公司谈对此进行合作。迈克尔·摩根风闻此事，提供了威康信托基金的资源——钱，以及桑格中心的资源——测序仪，以使该计划得以实施。虽然让 10 个互相竞争的公司实现合作存在着困难，同时还要避免触犯美国严厉的反垄断法，但在 1999 年 4 月，非营利的 SNP 协会还是正式成立了。它的预算资金是信托基金出的 1 400 万美元，加上 10 家公司每家出 300 万美元。现在已从默克公司退休的艾伦·威廉森当时在谈判中起了关键作用，他在 1994 年成功地促成了华盛顿大学的表达序列标记测序项目，1999 年他又重现了这一成功。SNP 协会委托桑格中心、怀特黑德研究所和圣路易斯的基因组测序中心，到 2001 年时找到 30 万个 SNP 序列。

SNP 协会数据库免费向公众开放，以商业界的行话来讲，这被看作一个"前竞争"开发，虽然有法律限制同一业界内公司间的协作，但基于上述缘故，这一项目并不受此法律的约束。它的宣布对基因专利的一般拥有者是一次猝不及防的打击，并且使相关基因公司的股价骤然下跌。公众的反响意味着桑格中心为 SNP 协会所做的工作和我们先前为测序建立的原则并不冲突，而且这项合同带来了可观的资金。实际上，我们已经开始了这项工作，因为当序列拼接时，多态性频繁地出现在两条 DNA 的重叠区中。伊恩·邓纳姆和他的同事们也开始更系统地寻找 SNP，在第 22 号、第 13 号和第 6 号染色体的序列延伸处检查重叠区。但是协会的合同责成我们更为全面地开展工作。试验工作很顺利，但我们在获得新的测序技术上有麻烦，这意味着到秋季时我们真的会落后于目标，并且要面对着被中止合同的威胁。戴维·本特利在 10

月的测序联盟会议中，坦诚地提出了我们的问题，并坚信我们能在当年年底赶上进度。

如果我们看上去在完成目标任务上存在困难，那仅仅是因为我们把目标定得过于庞大。我们战胜了所有的挫折，在人类基因组测序计划中稳步前进，而且我们正在逐步走向胜利。1999年8月，负责协调第22号染色体测序计划的伊恩·邓纳姆发送电子邮件，告诉每个参与者，他的团队现在有一条900万碱基长的DNA连续序列——比当时世界上最长的人类基因组序列长500万碱基。他们十分有信心完成目标，即在年底公布完整的、已完成的第22号染色体序列。

第22号染色体属于较小的染色体之一，包含的人类DNA不到2%。第22号染色体测序计划是人类基因组计划缩影的绝佳范本。桑格中心承担了超过2/3的测序任务，和圣路易斯鲍勃·沃特斯顿的实验室、东京庆应大学的清水信义（Nobuyoshi Shimizu）及俄克拉何马大学的布鲁斯·罗（Bruce Roe）进行了合作。在图谱制作阶段，美国、加拿大和瑞典的其他5个研究机构也参与了进来。1999年间，当我们奋力为整个基因组的"草图制作"生产鸟枪法所需的序列时，伊恩和他的同事仍耐心地花大量时间从事第22号染色体完成阶段的工作。他们必须连接起所有被测的克隆，纠正错误，并且寻找缺口。填补缺口意味着要找到能明确连接缺口两端标志的新的克隆，并且进行测序。运用我们以图谱为基础的方法，系统地进行这项工作是可行的。伊恩的小组和测序团队日复一日，经过不屈不挠的努力，终于补全了所有缺口。

第 22 号染色体序列发表在了 12 月 2 日的《自然》杂志上。这是一项里程碑式的成功，但我们是公共资金赞助的计划，在塞莱拉公关部门的强大压力下，我们必须做更多的文章。就像我们完成线虫基因组测序后所做的那样，这次我们也同时在华盛顿和伦敦召开了新闻发布会，并加上了东京，以表彰日本所做的重要贡献。从那时起，我们就因那次用的一些"夸张"手法而受到嘲讽。我在接受报纸采访时，把这项成就比作哥白尼的日心说和达尔文的进化论，迈克·德克斯特也将其喻为轮子一般的发明。当然我讲的不只是第 22 号染色体——我想到的是整个分子生物学领域的发展，以及它们如何改变了我们看待自身的观念。我常常使用这一比喻，而且并不认为这是过分夸张。

完成第 22 号染色体，对我们来讲其直接的意义是证明了我们对整个基因组采取的策略是有效的。伊恩·邓纳姆更坚定了他的步伐，他告诉《自然》杂志，这项成就发表的主要意义是"它表明你可以用一个克隆接一个克隆的方法顺利地完成测序"。既然我们是按此方法完成第 22 号染色体的，那么我们同样也能完成整个基因组。突然间，我们距离这个一直向往的目标近了许多。

虽然第 22 号染色体很小，但它本身具有多重意义。遗传学家已经揭示它至少和 35 种疾病有关，包括精神分裂症、慢性髓细胞性白血病和某些心脏疾病。过去几年中，他们就开始利用公布的尚未完成的序列来探查上述疾病的相关基因。伦敦哈默史密斯（Hammersmith）医院的分子医学教授詹姆斯·斯科特（James Scott）用这种方法鉴定了 7 种和心血管疾病相关的新基因。他在接受《自然》杂志采访时说："假如没有第 22 号染色体的资料，我们就无法完成这项工作。"这个完整序列的发表不仅宣告数据库中增添了几乎 3 350 万碱基的完成序列，而且包括了 545 个已经鉴定的基因（基于和其他基因序列的比较，比如表达序列标记），其中有一半的人类基因是我们以前不知道的。

另外很重要的一点是，第 22 号染色体的完成，使我们和科学界十分清醒地意识到，完成整个人类基因组测序将是一项多么艰难的任务。公布的"完整"序列实际上完全忽略了该染色体的短臂及在长臂上从 50~15 万个碱基不等的 11 个缺口。短臂几乎都由重复序列组成，重复序列使其在现有技术条件下不可能按正确的顺序被重新拼接。虽然短臂可能包含基因，但它的这种构成不大可能包含许多编码蛋白质的基因，长臂中剩下 11 个缺口无法构建稳定的细菌人工染色体克隆，我们并不十分清楚其原因。其中有些缺口现在已经被补上，另外一些也会及时完成，但是没必要因拘泥于解决最棘手的问题而拖延公布序列的时间。届时我们所公布的序列仍是一项重要成就。

对公立基因组计划的进展发表的声明是非常令人满意的，并且还有其他的意义。我们都十分清楚，整个 1999 年与塞莱拉公司的竞争，使我们被迫"走钢丝"，这是一个政治的钢丝。1999 年1 月，克雷格·文特尔和格里·鲁宾宣布了他们要进行果蝇基因组测序计划的协议，包括许诺所有数据将免费公布。紧接着，克雷格立即开始和弗朗西斯·柯林斯商讨关于人类基因组的相似协议。从我看到那份协议草稿时起，我就明白它对塞莱拉公司更为有利。例如，虽然它包括了一个大概的意向，许诺序列可为国际科学界所共用，但对是否免费和有否限制却故意讲得很含糊。它也包括避免对对方的工作进行"不适当的敌对性的评论"，好像我们的态度咄咄逼人似的。

我对和塞莱拉公司签署协议这整件事都非常反感。我向迈克尔·摩根建议道，不管弗朗西斯会做什么，威康信托基金都不应该参与此事。我们和圣路易斯鲍勃·沃特斯顿的实验室都直接收到了来自吉恩·迈尔斯的信函，他是最初就支持采用全基因组鸟枪法对人类基因组进行测序的人之一，现在塞莱拉工作。他请我们移交出所有有关线虫的追踪数据（刨去那些关于图谱位置的信息），以便他们能以此来测试他们的全基因组鸟枪法拼接程序。这可不是一个微不足道的要求——它意味着节省了提取所有扫描数据方面的时间，并且从某些方面来看，是为塞莱拉公司节省了提取所有扫描数据方面的时间。克雷格看到我们很不情愿，于是恼羞成怒，争论说既然这项工作是公共资助的，那么数据就应该对所有人开放。当然，我们已经免费公布了拼接好的序列，但现在看上去这样子还不够，他还想得到原始数据。我们断断续续地进行谈判，例如，我们提议塞莱拉公司应该把它的鸟枪法拼接程序交换给我们，他们则要求我们支付额外的工作费用。然而，他们开始运作果蝇基因组测序计划后，对他们来说，线虫的数据就毫无用处了，所以该谈判也就作罢了。

但是在美国，公共投资机构仍在不断努力，企图和塞莱拉公司达成一定的妥协。例如，他们讨论是否能在基因银行的某个特定位置给塞莱拉存放数据，使浏览该网站的人都能看到，但是不能像公共数据那样可以被下载。这项计划也不了了之。塞莱拉公司成立时，克雷格答应的"公布数据"看来是越来越不可能了，至少和我们概念中的公布数据没有任何有意义的联系。

在当时，塞莱拉公司发布的新闻给我们设置了无情的障碍，但从表面上看，好像他们只是想帮助公立的基因组计划。1999年5月，他们开始对果蝇进行测序，9月，他们就宣布测序"完成"了。这既不表明他们已经圆满完成任务，甚至也不能说明他们已拼接了1.8亿碱基的序列，而只是说他们已在机器上运行了可以覆盖整个基因组的足够多的样品。当然，给人的印象是果蝇基因组能在4个月内完成，不用说，塞莱拉公司当然不会放过这样一个机会，他们将此和"其他早期基因组计划"（大概包括线虫）做了负面的比较，如其新闻发布所言，那些基因组花费了"10多年"才完成（两年后，当我正写这本书时，果蝇基因组仍如我们预料的那样，即将完成）。更"重要"的是，格里·鲁宾和克雷格·文特尔之间显然愉快的合作创纪录地快速完成了果蝇基因组序列，这为人类基因组计划树立了榜样。《自然》杂志在12月的一篇社论中写道："这是一次双赢的合作。"

一个半月后，塞莱拉公司宣布它已经测完人类基因组中的10亿碱基对，弗朗西斯再次感到巨大的压力，他必须找到某种合作方式。无疑，把塞莱拉的鸟枪法数据添加到我们的克隆图谱中是非常有价值的，我在塞莱拉发表第一个声明后就不止一次公开支持这种设想。但是并不支持它对使用这些数据的人有任何程度的限制。塞莱拉最终同意发表时将果蝇的数据放在公共数据库中，而且不设使用权限。格里坚决要求塞莱拉公司遵守协议，并告诉克雷格他绝不能转让数据库的版权，以防止被其他商业公司用作赢利目的。但是一些果蝇的研究人员发现美国国立生物技术信息中心网站上有通知，禁止果蝇数据的下载，这曾一度引起短暂的恐慌，好在迈克尔·阿什伯纳揭发了这件事，格里再次出面，要求塞莱拉公司遵守最初的协议。不到两天，网站上的那条通知就无影无踪了。11月，塞莱拉邀请了40位果蝇生物学家参加"注释聚会"。注释是分析原始序列中的基因成分并配以额外的信息，以助于人们理解基因的生物学作用。在塞莱拉的聚会上，遗传学家、测序专家及生物信息学家济济一堂，坐在计算机屏幕前尽其所能地提供相关细节，包括基因家族中的成员、其他物种中的可参比基因等内容。整个实践对果蝇研究团体和整个生物学界都具有巨大的价值，因为提及的许多基因和其他物种都相关，包括人类。

但是人类数据对塞莱拉这样的商业组织来讲则是一个完全不同的问题。到1999年下半年为止，我清楚地了解到该公司不会同意把研究成果加入没有权限的联合数据库。它也许会让人们看到其数据，但是不会允许人们添加内容或下载。也就是说，就人类基因组而言，他们想在注释阶段保持控制权。这当然是让人无法接受的。原始的未经注释的基因组对一般生物学家来讲不是一种直接可用的工具。而公立的人类基因组计划将要提供的远大于此。桑格中心测序分析的负责人蒂姆·哈伯德（Tim Hubbard）和隔壁欧洲生物信息学研究所的尤恩·伯尼（Ewan Birney，从理查德的实验室转来），整个1999年一直在设计一种叫Ensembl的软件工具。它能自动注释基因组，并以友好界面显示。那年10月，这套软件第一次上网共享，此后定期升级，软件的开发是由威康信托基金资助的。提供基因组的分析是使它能被公众化的必要部分，既可以让使用者看到数据以最好的形式出现，又能制止那些没有什么意义，只是将序列比较一下就申请专利的行为，将这一责任交给塞莱拉公司是不行的。

坦白说，我想进一步的谈判是没有意义的，但是埃里克·兰德尔似乎觉得在这场越来越明显的完成基因组测序的竞赛中，和克雷格合作是避免后者成为赢家的唯一办法。我们逐渐意识到他已经和塞莱拉的代表就此讨论了好几个月。埃里克认为建立某种合作是控制局势的唯一途径：

我真的认为这对缓和局势和迫使他们公布数据是很有用的。我也觉得在人类基因组计划进行期间，这样的冲突是有害无益的。我想看到尽可能和平的形势，克雷格和我就此互通电

共同的生命线——
人类基因组计划的传奇故事

子邮件，并进行了谈话。

　　起初我们在桑格中心并不知道这些。后来我从《纽约时报》尼古拉斯·韦德的报道里得知埃里克·兰德尔和塞莱拉公司的代表正在讨论一项意向性的合作，但不知道是什么。直到 11 月中旬鲍勃打电话给我，我们才意识到问题的严重性。他说塞莱拉已安排了一次电话会议，埃里克准备了背景文章，而且他认为我应当参加这次会议。他把文章送给我征求我的意见。一两天后，弗朗西斯·柯林斯打电话请我参加安排在第二天，也就是星期六的会议。但事到临头，会议取消了。每个人都回避谈及原因，弗朗西斯只是说他早就认为这次会议"不够成熟"，但事情还是逐渐明朗——克雷格拒绝和我一起参加，同时鲍勃坚持认为我必须在场。

　　紧接着的周末是我们的年度管理委员会会议。那年我们去了林肯郡的斯坦福。一如上回的布莱克尼般非常美丽，但是从伦敦到那里不太容易。我们想请迈克·德克斯特、迈克尔·摩根和我们待一段时间。我们聚集在城中心一家极好的老旅店——乔治旅店中。我带了埃里克的文件，大家都浏览了一下，看是否能加点什么。这次会议的真正目的是为实验室的未来筹划，但这个议题是如此重要，以至我们都迫不及待了。文件建议双方于次年的春季或夏季合并数据，并在那年年底联合公布数据，但是文件保留了完整序列应该免费公布及无使用权限的原则。

　　读着这份文件，我怀疑在触及这点时，塞莱拉公司是否会同意签署这些开明的条件。但我们还是设想能够达成这一协议，虽然这看起来很荒谬，可是我们不得不考虑万一建议变成现实该怎么办，我们又从法律的角度审视了这一建议。我们谈论了我们可以接受的最低限度和协议签署后可以兑现的安全系数（我没忘记有人曾在最后时刻想要终止公开果蝇基因组的数据——而这些是我们一直关注的人类基因组的数据）。那天，为了能及时和鲍勃在电话上交换意见，我频频奔波于会议室和我的旅馆房间之间。

我们所有人几乎都没有什么异议。威康信托基金和基因组研究有限公司的负责人，和管理委员会一样关心对数据的公布及自由使用，威康信托基金不想看到自己投了资，却让美国的企业得到了好处。难怪塞莱拉在新闻发布中将目标对准桑格中心和威康信托基金，谴责我们浪费财力，说这些钱本可以用于其他研究。信托基金不受政治游说的影响，所以只能以其他方式对其进行攻击。可笑的是，克雷格的许多嘲讽是毫无根据的。比如，他告诉《纽约客》(New Yorker) 杂志"威康信托基金现在正努力证明他们的投资是正确的，作为一个私人慈善机构把大量的资金，我估计超过 10 亿美元，给桑格中心去做区区 1/3 人类基因组测序工作"。事实上，整个信托基金给人类测序计划的资助到 2001 年底时为 1.2 亿英镑，也就是 1.7 亿美元。克雷格的胡言乱语曾一度让我担忧，因为英国科学家会信以为真，其中有些人并不喜欢我们现在的姿态。但是责难越尖锐，我们做这件事的必要性就越明显，而且我们必须坚持到胜利。信托基金在为公立计划辩护中所扮演的角色至今看来仍很重要。

　　既然我们已经正式开始推进和塞莱拉的谈判，我们就把接下来的一个月时间花在详细审阅"原则声明"的先后几个版本上，它最早由埃里克起草，后经鲍勃修改。和塞莱拉代表的会议最终确定在 12 月 29 日。我感觉底气很足，因为威康信托基金也将出席，以保证他们的投资不会被一个考虑欠妥的协议排除在外，他们的投资是在保证免费公布数据的原则和实践方面的投入，不能简单理解成他们对桑格中心的资助。迈克·德克斯特提名信托基金管理委员会的成员，同时也是基因组研究有限公司管理委员会的成员马丁·博布罗担当此任，他是我可以信赖的人，我从他那里可以得到明智的建议。公立计划这边参加谈判的人还有弗朗西西·柯林斯、哈罗德·瓦穆斯及鲍勃·沃特斯顿。塞莱拉公司方面有克雷格·文特尔、另一位执行官托尼·怀特、保罗·吉尔曼（Paul Gilman）及塞莱拉科学顾问委员会的阿诺德·莱文（Arnold Levine）。

　　埃里克和弗朗西斯希望会议能建立一个公共的基础，并提前发给塞莱拉一份"分享原则"。但是从一开始鲍勃就很清楚，对于塞莱拉公司来说，分享根本没有被提到日程上来：

　　　　他们使我们相信：他们正在认真寻求达成某项合作，而且他们知道如果我们还合作的话，我们双方就应该继续释放数据。但是，当我们到那儿的时候，托尼·怀特对可能发生的事持不同观点。他采取的是强硬路线——合作会让我们赚钱吗？

以怀特为首的塞莱拉方面的人提出要求：一旦合作双方完成了足够长度的基因组测序，并组装了一个完整的草图，那么公共计划就不要再生产和释放自己的数据了。搜寻联合数据库是人们得到序列的唯一办法，但是塞莱拉公司想要控制数据库。塞莱拉公司不接受那种每一个人都能使用共有数据库的情况，甚至对其商业竞争者也是一样，如果他们想要数据，则要重新整理并卖给他们。托尼·怀特想将汇总数据保护起来，在3~5年的时间内避免被其他人用做营利目的，而弗朗西斯·柯林斯事先计划的这一时间是半年到一年。鲍勃说："我们所基于的完成目标的原则，是完全不同的。"他想知道塞莱拉方面是否曾给克雷格·文特尔和托尼·怀特准备过一个好的方案和一个坏的方案，但"我们最终只得到了坏的方案"。

在果蝇的基因组项目中，塞莱拉曾经（至少在压力下）将数据输进公共数据库中。这一项目加快了格里·鲁宾完成计划的速度，并且是以真诚合作的方式来进行的，这为塞莱拉公司增加了许多可信度，而它得到的回报是，获得了一份有价值的协议，即在使用数据方面，较普通的公立方有几个月的优先权。但就人类基因组测序来说，赌注更高。克雷格已经明确承认：塞莱拉公司计划把共享数据和他们自己的数据结合起来，作为他们生产的商业产品，公司这么做不需要我们的同意。另一方面，塞莱拉公司的代表们对公立项目是否能使用塞莱拉的数据态度很消极，在这点上，他们谈到会给出存有数据的 DVD（高密度数字视频光盘），来帮助完成测序（此后不久，给出 DVD 的想法就彻底落空了）。他们也没有接受我们提出的最后一条原则：如果来自双方面的数据在科学刊物上发表，那么作者署名也该双方共享。果蝇基因组项目曾经被宣扬为人类基因组计划的榜样，但塞莱拉很显然不愿意遵循自己树立的这一形象。会议讨论根本没有什么商量的余地，看起来塞莱拉方面同意开会的唯一原因，是他们不想被视为拒绝商谈的人。

令公立计划的科学家十分沮丧的是，不管他们是否允许，塞莱拉公司都可以从这些科学家的工作中获益，而同时却声称在基因组的竞争中已经击败了他们。签署任何协议看起来都是不可能的了，一些站在公立计划这边的人开始考虑，是否有什么办法来给我们的数据以某种程度的保护。早在百慕大第一次会议上的讨论中，就已确定数据不设专利，正如在某种信任中获得知识产权的概念一样。但我们测序分析的头儿蒂姆·哈伯德设计了一种不同的模式。我曾将塞莱拉在垄断基因组市场的欲望方面和微软的情形做了对比，正是在软件领域里，蒂姆发现了另一种相似性。

他被"免费软件"运动吸引。这一运动产生了一种方法——鼓励合作软件的开发，前提是合作的成果，即计算机系统的源代码将对任何一个人永久开放，不能变成商业财产。这一运动是从 1984 年开始的，到现在，把可收集的软件结合在一起，形成一个完整的操作系统，就是众所周知的 Linux 操作系统。微软总是很骄傲地将自己的源代码设为商业秘密，这一运动与微软是针锋相对的，已被视为是对抗比尔·盖茨公司的行为。任何人都可以从因特网上免费下载软件。源代码是公开的，而不是商业机密，用户可以免费修改信息，并以免费或收费的方式将信息传给他人。唯一的限制是通过签署一个协议，用户必须同意他们所传递的修改版本也遵循上述原则，这种协议有时被称为"反版权"（copyleft）。最终是用户和免费软件的开发者形成了一个扩展的社群，没有一个人能对他的版本加密，或者阻止他人享有进一步开发的机会。

因为和塞莱拉的商谈看来是越来越不可能得到什么结果，蒂姆和其他人开始考虑我们应该通过公开资源模式来保护自己的数据。这一想法是在 G5 基因组中心存放人类基因组数据的公共数据库中，写明任何人都可以免费使用数据，用于自己的研究，开发产品，或把数据以任何形式传递出去，但任何人这么做时都不允许限制别人进一步的开发和传递。迈克尔·摩根十分欣赏这个想法，约翰·斯图尔特（John Stewart）——威康信托基金法律事务方面的主管，花了许多时间研究这个意见，并起草了使用同意书的草案。

但这一想法遭遇了一系列来自公共数据库的人的反对。他们声称这完全有悖于在前几年好不容易建立的原则，即任何人都可以无限制地使用数据库中的数据的原则。他们提到其他一些商业公司，如因赛特，近几年时间一直在出售产权受到商业保护的数据，其中也包含了公共数据的内容，却没有人反对。他们极其强烈地反对蒂姆所倡导的那种想法，即在将来任何人想在公共数据库中存储数据的话，都能加上自己的设置。他们提醒 G5，如果看到 G5 在那些原则中退却了，那么那些国际合作者有理由认为是被出卖了，这些合作者费了许多力气才使其政府接受百慕大原则。最终，远不像蒂姆所预想的那样这一设想会成为公关的妙计，相反，他们认为这将是公关的灾难，很容易被塞莱拉公司视为一个不怀好意的搅局的措施。

当讨论不确定的时候，我感觉很困惑。回过头看，我知道蒂姆和我在数据公开的可能性上都很有兴趣，这和弗朗西斯·柯林斯及他的同事热衷于与塞莱拉公司达成和解备忘录差不多，都是为了避免出现一种荒谬的情况。但我们的计划是想改变世界，而备忘录则是认定世界当时的样子，并改变计划去适应它。当然，批评家也是对的：我们庄重地向产业界和科学家承诺免费共享数据，这终究是我们最大的卖点，妥协将是灾难性的。我们不再讨论开放资源的许可问题，也不考虑在使用公立计划的数据上添加任何形式的限制。同时，1999 年 10 月塞莱拉公司宣布它已申请了 6 500 个新基因的专利。尽管这是一项不成熟的申请，并且塞莱拉公司声称它最终只会寻求得到其中的 200~300 个，但事实上这一举措可以使塞莱拉公司潜在地覆盖很大范围的生物学信息，这远超出了公司成立之初被限定的范围。

弗朗西斯·柯林斯比以往更注重消除长期以来我们给媒体的

印象，即人类基因组计划在和塞莱拉公司进行竞争，并且竞争相当激烈。塞莱拉狡猾的媒体宣传产生了效果，它使我们确信我们必须做点儿什么。2000年1月，该公司宣布它已测完人类基因组81%的序列，和公立计划的数据相结合，就可以覆盖90%的基因组序列。这一新闻对于那些不了解情况的人来说，其第一印象是：塞莱拉公司的工作量是人类基因组计划工作的9倍。

有必要了解这些狡猾宣告中的一些细节。不要忘记，我们必须测足够多的、能覆盖整个基因组几倍的序列，才能弥补大多数的空隙。塞莱拉所说的是基于这样一个事实：他们当时只做了覆盖原始序列1.75倍的测序工作，这意味着如果随机分布，那么81%的基因组将有可能呈现出来。这只是纯粹的理论数据，因为没有什么办法能证明将这么少的重叠测序组合起来后，它们的位置分布是正确的，只是有可能是正确的。上述额外9%的基因序列是这样产生的，由于公立计划当时在克隆的测序草图中大约公布了一半的基因组序列，在随机分布的基础上，通过计算可以弥补剩下的基因组序列的一半。但这两种数据根本不可比。我们这边在系统地工作，单个克隆已进行了4倍重复的测序，这样才可以有效地装配（如果和塞莱拉的测序相结合，将会更进一步）。所以客观的说法是：50%的基因组是由人类基因组计划准确提供和描绘的，而40%多的是由塞莱拉公司有限的测序及随机的计算产生的。

我努力向记者解释这一情况，但多数人不明白，更多人则认为我是酸葡萄心理，尽管有几位认真的记者注意到，塞莱拉公司的数据库中 50% 的数据事实上来自公共数据库。结果是塞莱拉公司在竞争中领先这一虚假的媒体印象，被牢牢地树立起来。尽管（或可能因为）我们的数据在那里，任何人都可以看到并使用，而根本没有人能看到塞莱拉公司的数据。对此吉尔伯特和沙利文（Sullivan）的解释是："新闻发布，新闻发布，最具创造性的新闻发布。"

在我的一生中，这是第一次面对如此卑劣的舆论操纵。我当然模糊地知道类似的事情在不断上演，也很悲伤地知道政治生活必须要有一个"真实的经济指标"。但这些都是在远离我的某个地方进行的。目前，消息来源于一家公司，这家公司由一位很聪明的人管理，他同样是位科学家，他说自己在为人类的利益工作，却不懂自己在说什么。这可能吗？简直太糟糕了：将新闻的方法用于科学报道。当然记者们最喜欢了：这是一个很不错、很清楚、不复杂的故事，没有那么多的如果和但是。从媒体的角度看，有过多的如果和但是的文章不是一篇真正的科学报道。

起初我希望弗朗西斯·柯林斯和迈克尔·摩根能处理它，正如在艾尔利大屋的游泳池旁我们已同意的一样（至少我以为是这样）。如果他们需要专业公关人士的支持，他们可以雇一家公司来帮忙。但他们似乎没能有效地应对。我们只是依靠自己的资源把事情做好，这实际上阻碍了我们。我们受制于缺乏相互配合，缺少时间。

有一段时间这并不很困扰我，因为我预计一旦局外的人们知道事情的真相，就会起来抗议。几个月过去了，评论者们赞美着塞莱拉公司，我一直认为这只是因为没有人知道事实真相。渐渐地，通过回答问题，我发现我自己逐渐走到了闪光灯下，试着向人们解释塞莱拉的新闻发布是不真实的。并且逐渐地，我发现媒体需要一个容易确认的、有名无实的领导，而我正顺着媒体的愿望成为这一领导。我本来不想成为公共关系方面的领导，原因很简单，因为从标准的科学界的观点来看，人类基因组的测序不是我的工作。但一旦开始接受采访，我就希望能够用清楚和有力的言辞把我的观点表达出来，结果这一势头愈演愈烈。

有几个人注意到了这点，但人数显然不够多。例如，我曾对BBC的新闻广播感到很失望，并且现在也是如此。毕竟，作为一个服务于英国的、公共基金资助的媒体，它应该看到我们在做什么，以及公开基因组数据是多么重要。我开始清楚地意识到这一明显的事实，没有人有时间和耐心自己审查真相，而只是接受别人提供给他们的最方便的信息。所以我开始适应这种情况，态度变得更强硬。我依然坚持认为如果人们知道事实真相，他们会支持我们的观点。

塞莱拉新闻发布最重要的一点是，一旦他们获得了4倍的覆盖率，即基因组中的每个碱基平均测序4倍读长，而不是原来计划的10倍覆盖，那么他们就打算停止测序。这一暗示尽管没有被广泛讨论，但已由《自然》杂志的新闻组清楚地说了出来，它意味着塞莱拉不再继续依赖于全基因组鸟枪法拼接程序来将序列拼接起来。《自然》杂志写道："塞莱拉需要将其测序数据放在公立计划完成的框架上。"换句话说，塞莱拉公司起初曾宣布绘制基因组图谱是不必要的，但他们当时却准备用公立计划的图谱来组装他们自己的序列。

塞莱拉把使用我们的数据描述为"事实上的合作"（我总觉得合作是双方面的事，难道不是吗？），只是弗朗西斯依然在寻求建立一个更正式一点儿的合作。12月29日那个灾难性的会议之后，他不断努力与克雷格取得联系，使谈判在某种程度上能够继续进行。他认为，即使不能把双方获得的数据合并起来，但至少，双方可以试着共同发表文章。整整两个月，克雷格变得很神秘，不回复电话或电子邮件。弗朗西斯得到最多的是和托尼·怀特的电话交谈，托尼·怀特很清楚地表达他不准备放弃会议上的立场。得知塞莱拉把谈判的失败归咎于公立计划时，弗朗西斯感到说出事情的另一面是很有必要的。他起草了一封信，阐明了与塞莱拉公司的主要分歧，并重述了他努力尝试重启谈判，但并没有得到响应。这封标明"机密"的信，由4个谈判人来签字——弗朗西斯、哈罗德·瓦穆斯①、鲍勃·沃特斯顿和马丁·博布罗，这封信于2000年2月28日发往克雷格那里。3月6日是克雷格做出回复的最后

---

① 哈罗德·瓦穆斯在1999年底从国立卫生研究院的领导职位上退了下来，由鲁思·基尔希斯坦接替他做执行院长，他转而成为纽约斯隆－凯特林（Memorial Sloan-Kettering）纪念癌症中心的总裁。

期限，信中指出，到那时为止，除非他们收到克雷格的回信，否则他们将认为克雷格对合作不再感兴趣。

每一个参与进来的人都清楚，在某种程度上应该公开信的内容，尽管最初并不明确具体应该在什么时间，以什么方式公开。我真的相信，一旦人们看到塞莱拉在谈判时的姿态是那么强硬，而且下定决心想要控制数据时，每一个人都会立刻站到我们这边。

在调停的这周里，塞莱拉公司首次非常成功地上市发行股票，净赚了几乎 10 亿美元。我们觉得应在股票发行完毕以后再发信，否则可能被视为故意捣乱和非法行为。但我们很焦虑，最好不要等太长时间。在塞莱拉做出回答的最后期限——星期一之前，信在周末向新闻界公布，并且威康信托基金是消息的源头（卷入这样的泄密事件对美国国立卫生研究院来说将会是一场政治灾难）。它产生了巨大的效果，但并非我们所预料的那样。由于启动得过早，我们无意中给别人留下了一个不好的印象，从而立即被塞莱拉公司所利用。克雷格·文特尔和托尼·怀特愤怒地宣称：信托基金的行为是"奸诈的"和"卑劣的"。克雷格甚至嘲笑我们没有提早把信公开，从而没能使股价下跌。他们告诉《华盛顿邮报》说，他们相信公立基因组计划是蓄意破坏与塞莱拉公司合作的机会，因为公立计划想要和另外一家私有的财团交易，以便能抢先完成基因组测序。弗朗西斯·柯林斯的确与因赛特就合同测序的事谈判过，但塞莱拉谈判失败与之毫无关系。

我们当时根本没有想好如何处理随后的采访，或塞莱拉会有怎样的反应，有趣的是，现在看起来这似乎很明智。美国的媒体一直追踪到弗朗西斯家，他不得不辩解道："不，国立卫生研究院并没有卷进泄密事件中，至于有什么不可告人的动机完全是'凭空想象'。"听起来苍白无力。克雷格则用十分严肃的口吻给予了一个答复，强调为寻求合作应该进行真诚的讨论，他仍然对此很感兴趣。然而，他重申，他的公司需要得到保证：其他公司不会重新包装和出售其数据。他的信誉丝毫无损，而他的银行账户结余则是另一回事了。正式合作变得几乎不可能，这一消息令市场担心。在年初的时候，所有基因组公司的股票价格迅速攀升，高科技股价也随之上涨。塞莱拉自己的股票仅在 1 月的新闻发布会的推动之下，就从每股 186 美元涨到 258 美元。在前一年的秋季，其股价还在 40 美元左右徘徊。在"泄密"之前的一周，在股市上，珀金埃尔默公司以每股 225 美元的价格卖掉了它持有的塞莱拉的 380 万股股票。塞莱拉和人类基因组计划之间有冲突的消息一经发布后，生物技术股开始跌价（股价为什么会下跌，对我来说是个谜，因为不管有无许可，塞莱拉依然可以得到公立计划的所有数据）。

之后的几天，我们开始认真地对待这件事情（《华盛顿邮报》描述基因组计划是一项"泥浆摔跤比赛"）。接下来的一个星期一的早晨，我接受了 BBC 电台《今日》（Today）节目的专访。我指出，我们的问题是塞莱拉公司不仅收集他们自己的数据，而且

"想把我们所有的数据都卷走"——把那些显然已公开的数据据为己有，并且向其他使用者收费。我补充说："如果不是太粗鲁的话，这可以叫作'骗局'。"BBC 的在线网站从专访中摘出了"骗局"这一用语，并把它传到了全世界，记者们也抓住了这一用语，把它广为传播。人们有什么反应？分成两派：一些人赞同，但很多人谴责我诽谤、嫉妒，是为了维护自己的势力。我的观点被四处传扬，但这个世界基本上是按照政治观点划分的。

我从此走入了政界。

一周后，比尔·克林顿和托尼·布莱尔发表联合声明，说人类基因组序列对所有研究人员都应该是免费的。这项声明其实是一年多的认真游说（由威康信托基金的迈克·德克斯特发起的）的结果，声明是在泄密事件一周后发布的，这纯粹是一种巧合。我们对声明感到很欣慰，但它只是在政府的层面上认同了原始基因组序列应被免费公布这一百慕大原则。这一点并无法律效力，也不会影响公司的权益，即对明确用途的基因组序列申请专利——事实上，它明确地支持了对知识产权的保护。在声明发布的当天，哥伦比亚广播公司电台新闻报道了克林顿和布莱尔同意"禁止单项基因专利"，第二天早晨，白宫发布了新闻简报。

对于神经质的，并且是被高估的股市来说，这一消息犹如一个导火索。代表生物技术和其他高科技股的纳斯达克指数，经历了历史上的第二次大幅下降，下挫约 200 多点。一天内，股市就缩水 300 亿美元，这相当于 10 家生物技术公司的价值。总统的科学顾问尼尔·莱恩（Neal Lane）和弗朗西斯·柯林斯要做的是，在午餐时间的新闻简报会上，直接向喧闹的华盛顿新闻团体澄清事实。纳斯达克指数几乎立刻反弹，但对于像塞莱拉和因赛特这样的基因组公司，在一段时间内，股票价位比起两周前令人目眩的高价来说，停在了一个更合理的水平上。

这次，我在最后一刻被邀请出席 BBC 电视台的晚间新闻时事节目《新闻之夜》（*Newsnight*），唐·鲍威尔（Don Powell），桑格中心的新闻官员，不得不把我从中心的酒吧拽出来，赶往演播间。我坐在偏远的剑桥演播室里，所有人都准备着讨论声明对专利的影响，当时《科学新闻》编辑苏姗·沃茨（Susan Watts）正在陈述她的观点："没有人怀疑文特尔已获得重大突破，这意味着他现在是解码游戏中的领先者。"我很惊讶，因为这离真相太远，然而已作为讨论的起始点被接受了。当主持人杰里米·帕克斯曼（Jeremy Paxman）让我讲话时，我说道："公立计划其实是领先的。我们已公布了 2/3 的人类基因组数据。"这回轮到帕克斯曼惊讶了，他说："如果是这样，无论如何，基因数据都在公共领域中，那我们还在担心什么呢？"我回答说，克林顿－布莱尔的声明不会对申请 DNA 专利产生任何直接的影响，因为有那么多的数据已经公布了，这一点值得深入探讨。我说，我认为大多数人会赞同这个声明，这也是对人类基因组计划所做工作的最好认可——将基因组置于它应在的公共领域中。帕克斯曼说："我完全同意！"

许多人认为我们的节目做得不错，但苏姗·沃茨第二天打电话说杰里米·帕克斯曼认同被采访者的观点，这很令人失望，制片人希望看到的是激烈的辩论。我告诉她很抱歉，但她已改变了讨论的主旨，说塞莱拉公司会轻易地取得胜利。这不是她个人的过错：她只是简单复述了已认真策划好了的台词。和她通电话之前，我还充满热忱地考虑申请 DNA 序列专利是不合理的，但在摄像机前，我不得不去反驳她的开场白。我的确很清醒，并表现出平静的心态，而不是她所希望的激情。总而言之，我对媒体工作的内情、无往而不胜的新闻发布威力有了透彻的了解。

4 月 6 日，在国会关于公立计划和私人公司的成就进展的听证会上，克雷格再一次作证道，塞莱拉公司已第一个完成了人类基因组的测序。并且，在接下来的几周时间里，他们将把这些序列拼装起来，然后很快将转向对实验小鼠基因的测序。又一次，他们召开了具有独创性的新闻发布会，宣称他们已经有 11 倍的基因覆盖率。这听起来令人印象深刻，显得比公立计划获得的数据要多得多。不出所料，记者们立刻确信塞莱拉已经胜出。但我们知道，就他们已有的能力来说，这种序列覆盖率是不可能的：我们几个中心并驾齐驱，很清楚地知道在一定的时间内能完成什么。如此快速的工作表明他们在讨论克隆覆盖，而不是测序。换句话说，他们在足够多的克隆的每一个末端测了几百个碱基，是基因组长度的 11 倍，这是他们通过"搭建框架"来帮助组装的步骤。然而，许多的新闻报道相信克雷格所说的话，所有序列会在 6 周内拼装在一起，而且和往常一样，虽然我们指出克雷格改变了测序的定义，但几乎没有人注意到这些。

一两天之后，在温哥华举办了国际人类基因组组织的会议。尽管国际人类基因组组织最终在大规模的人类基因组测序方面扮演了很小的角色，但它通过每年一次的会议自成一派，年会有众多人参加，已成为专业活动日程上的重要事件。当年，弗朗西斯被邀请就人类基因组计划的成就发言。在他报告的最后提问题的阶段，一位听众问，如果塞莱拉已完成了基因组测序，那为什么公立计划还要继续工作？弗朗西斯解释说塞莱拉公司所用的标准不等于完整的序列，并指出序列的组装是很困难的工作，有必要完成。"不能肤浅地认可某个团队仅在两年时间内就声称已完成了人类基因组测序的说法。"他说道，"这不是事实。"我很欣慰地看到了这个诚实的、冷静的言论。弗朗西斯不否认塞莱拉已取得的成就，他只是解释了产生序列的实际情况。

塞莱拉公司的股价在新闻发布后曾有飙升，但在年会后再次下跌。当弗朗西斯一回华盛顿，他的部门就收回了部分言论，说"他在演讲中没说过任何关于批评塞莱拉公司的话"。在这一插曲之后，弗朗西斯有意识地克制自己，不发表任何关于塞莱拉的公开声明。

我对此很惊骇，我看到有人故意要堵住人类基因组计划领导人的嘴。这让我彻底明白，在华盛顿，工商界游说力量是如此强大，它意味着没有公务员可以发表对商业公司暗含批评的声明

（当然，情况在英国和其他工业化国家没有什么根本的不同）。弗朗西斯承认，他的政治处境和我的很不相同：

> 桑格中心得到了威康信托基金的支持，他们紧密地团结在一起。我发现那里的情况要简单得多。在这里，私营公司在繁荣生物技术产业上的作用深受重视，而任何形式的、看起来是批评私营公司的东西，都有可能引起麻烦。所以对约翰来说，任何时候都可以坦率地说出他自己的想法，而我们中的一些人不得不格外小心我们的言论，以防触动警铃。

塞莱拉成功地让弗朗西斯保持沉默，这对他们公司很有价值。例如，纽约哥伦比亚大学本计划请弗朗西斯参加 6 月的一次研讨会，他却不得不取消这一计划（否则的话，他可能得发表一个在表面上接受塞莱拉说法的简要说明，这当然有悖于科学和真理）。同时，塞莱拉的吉恩·迈尔斯却在哥伦比亚大学做了报告，说人类基因组的组装过程非常顺利，但没有更多的细节。结果大多数观众确信塞莱拉公司已做了这件事。相同的报告在全美范围重复着，形成了一种塞莱拉公司已成功了的氛围，极大地帮助了公司出售它的数据库。

同时，克林顿总统对塞莱拉公司和公共基金资助的科学家之间的争执不休变得不耐烦了。人类基因组目前得到了大量新闻媒体的关注，白宫希望出现好的情况。这是一个党派政治问题，有许多共和党人支持塞莱拉公司，希望能赢得那些在市场上已受冲击的生物技术产业公司的支持，而许多民主党人则支持公立计划。在总统选举的那年，副总统戈尔想要在克林顿之后继任总统，而这种不休的冲突对戈尔继任极为不利。克林顿发给尼尔·莱恩一个通知，写道："搞定……想办法让这些人一起工作。"能源部的阿里·派翠诺斯是一个值得称道的游说者，5月初，他将克雷格和弗朗西斯请到他的家中喝啤酒，吃比萨。几轮比萨"外交"谈判后，正如《时代》杂志说的一样，他们对序列的完成、当年晚些时候同时发表文章以及在关于谁做了些什么的问题上，停止互相攻击，均达成了一致意见。令弗朗西斯不舒服的是，谈判是在完全保密的情况下进行的：

> 我极不情愿这么做。很显然，这必须在保密的条件下进行，否则克雷格将不会合作。然而，我已经习惯了走每一小步都和我的同事进行交流，但这几周来，我却不能那么做，这使我处于一个窘迫的境地。

众所周知，弗朗西斯表现得很低调，拒绝任何新闻采访。每个人似乎都确信塞莱拉会在6月宣布完成基因组草图。尽管我们有望在6月能达到我们目标的90%，但官方对我们的要求是对任何声明保持低调，等到文章发表的那段时间里再大事宣扬，我们预计那可能要到9月了。只是在6月初，我们才了解到发生了什么事情。除了弗朗西斯和克雷格之间的啤酒和比萨会议外，英国科学大臣戴维·塞恩斯伯里访问了美国，并和白宫科学顾问探讨了一个方案，即美—英和公立—私营同时宣布完成人类基因组草图的日期是 6 月 26 日，选这天是因为刚好克林顿和布莱尔的日程上都没有其他安排。

到那时为止，还不清楚人类基因组计划能否完全达到那神奇的 90% 这一标志，并且也见不到塞莱拉的数据，仅知道数据不多，所以没有人已准备好发布，但在政治的角度上是不可避免地要这么做的。我们只是把我们已得到的成果放在一起，用一个好看的方式把它包装起来，说完成了任务。我们卷入了塞莱拉一直所做的事情——宣扬结果，看着别人把它报道出去，就说任务已全部完成。是的，我们是一群骗子！但我们是被华盛顿的政治坑害的。

那天晚些时候，我顺便去了四频道的新闻演播室，为 7 点的新闻接受乔恩·斯诺（Jon Snow）的采访。和往常一样，我谈论了免费公布数据的重要性。然后，他们通过越洋线路从华盛顿接通了克雷格·文特尔，问他有关专利的问题。他说"我们从未说过我们要为成千个基因申请专利"，并声称转让给他们制药伙伴的专利，其数量最多是"很小的两位数"。他接着说道："对申请专利进行限制（由于美国专利局方针的改变）对每个人来说都是好消息。"这和他们在 1999 年 10 月说要申请 6 500 个专利的新闻发布完全不同。对我来说，我们将那么多序列公开化的举措的确已改变了塞莱拉公司的商业计划，或至少改变了其想加速行动的想法。

共同的生命线——
人类基因组计划的传奇故事

当然，6 月 26 日的公布是个政治姿态，但在那天的确感觉不到这一点。我记得当时我想它确实起了作用。虽然这一行为的出发点是白宫想要戈尔当选总统，但这并不重要，重要的是人们不再讨论任何诸如此类的"竞赛"。他们在谈论工作本身的意义。尽管人类基因组计划的序列还没有完成，但的确任何人都可以使用它。

第七章

真 相 大 白

这是一个决定性的时刻。三年来我们一直在等待塞莱拉兑现它的承诺：能够比公立计划更加快速、廉价和完整地完成人类基因组全序列的测序工作。而今天，它在《科学》杂志上宣布了这个目标的实现。文章开头这样说道："人类常染色体的29.1亿对同源序列的测定工作是通过鸟枪法完成的。"我们自己的测序结果与塞莱拉的在同一星期发表，很自然地我们想要将这两个结果进行对比，并且根据先前的约定，在2001年2月12日发表联合声明之前，我们可以和塞莱拉交流结果。首次详尽地通读塞莱拉所做的工作之后，我们更加确定，使用鸟枪法进行全序列测定并没有达到声明中预期的效果。

我们也不完全相信这个事实。我相信他们的序列完全有能力比我们的更好，因为他们已经参阅并采用了我们的全部数据。但是塞莱拉所公布的数据并没有比公立方公布的更出色，而且它还在很大程度上参考了公共数据。尽管这种参考并没有显现出来，但是任何一个用心的读者都能发现其中的蛛丝马迹。

虽然塞莱拉成立时曾经允诺每季度公布数据，并最终在顶尖学术杂志上发表，但是由于人类基因组计划实施了基因组草图策略，他们放弃了第一项承诺。结果，发表文章就成了除塞莱拉数据订购者之外，人们首次能够看到他们到底做了些什么的机会。

对于这样重要的文章，作者一般会选择以下两种杂志的一种：《科学》——美国科学促进会的一本学术杂志，《自然》——由英国麦克米兰（Macmillan）公司出版。这两本杂志都是在世界范围内发行的周刊，只是《科学》在美国的发行量较高，所以经常为美国学者采用。两本杂志在关于测序文章上都有明确的规定。随着测序工作进行得越来越多，将测序结果刊登在期刊上的可能性越来越小，并且毫无意义。于是，有关基因组的文章作者被迫同意将他们的数据收集在公众的数据库中（实际上数据库就是这些作者集体分享他们的数据结果，例如基因银行、欧洲分子生物实验室数据库及日本DNA数据库），在这些数据库中，每个人都可以验证发表的数据。数据库中的数据不仅免费为每个人提供查阅，还提供没有任何限制的下载和分析。商业组织甚至可以打包下载和出售其打包的数据。总之，公共数据库就是一个广泛的数据资源，它的目的是为大家提供对前沿科学的见解和发现。

随着1999年底人类基因组计划同塞莱拉的谈判失败后，塞莱拉公司不会像它对待果蝇数据一样（尽管其中有些被迫的原因），在公共数据库上发表人类基因组的测序数据。不过，塞莱拉公司在1月的新闻发布会中说，它会有限制地将这些数据公之于众（具体怎样公布不是很明确，但是极有可能在其网站上公布）。其中一个是使用者必须同意不得将数据再次发布。商业机构也必须付费使用塞莱拉的数据。

　　《科学》杂志和《自然》杂志能否接受偏离它们原则太远的文章呢？如果接受的话，这将成为整个科学界一个非常严肃的问题。科学刊物对于维护整个科学事业的正直性有着至关重要的作用。它们决定着什么该发表，什么不该。任何投稿的文章都要经过专家的评定，一旦决定发表就意味着大家肯定了你工作的创新性和结论的正确性。当然，这种评定方法也难免会出现错误——比如好的作品被否认，有疑问的文章被接受。但是尽管有缺点，这种方法还是或多或少地发挥了作用。对于作者来讲，发表文章对于他的职业价值至关重要：发表文章的质量和数量已经成为评价一个科学工作者的重要标准。一旦文章被发表，它就将成为构建科学大厦的又一块砖石，同时也为他人提供了借鉴和反驳的机会。从某种意义上来说，我们就像白蚁筑巢一样最终要构建一座堡垒，每个人都在为它添砖加瓦，填补漏洞，而且相信后人一定会对前人的工作进行检验和校正，或者提出不同的见解和理论。但是事业的成功依赖于我们对技术资源的共享和自由使用。尽管其中存在危险性，期刊还是尽最大可能公平地对待每一位作者。克雷格·文特尔、阿里·派翠诺斯和弗朗西斯·柯林斯在"啤酒和比萨会谈"中达成的部分协议中指出，我们能够和塞莱拉同时发表文章，前提是必须发表于同一份杂志上，例如《科学》。《自然》杂志的编辑马克·帕特森（Mark Patterson）向我提议说，如果测序的文章在《科学》上发表，或许图谱的补充部分就可以在《自然》上刊登。这样，这两本杂志都会因为这样一个伟大的工程而载入史册。这是一个双方都受益的协议，两家杂志达成共识：如果必要，任何时候都可以同期发表文章，这样的共同努力将是完美的结合。但是我们有必要了解，如果《自然》杂志拒绝刊登塞莱拉的文章（或者反之，《科学》杂志拒绝发表），另一家杂志会做出如何反应？在我们看来，《自然》杂志是不会违背它的原则的，但是我们不能保证《科学》也能做到。我们知道《科学》正在同塞莱拉进行磋商，如果它不违背原则的话，完全没有必要磋商。但是如果它打算对塞莱拉的数据进行特殊处理的话，我个人认为，完全没有必要同意在同一份杂志上刊出我们的文章。这是一个同公立和私营基因组计划的对立完全不相干的问题——这是科学实践的基本问题。

世界各地科研组织的领导闻讯后，纷纷发表个人见解。皇家学会的阿伦·克卢格、美国国家科学院的布鲁斯·艾伯茨、国立卫生研究院前院长哈罗德·瓦穆斯都先后加入了讨论。但是《科学》的主编们——先是弗洛伊德·布卢姆（Floyd Bloom），后是唐·肯尼迪（Don Kennedy，他于2000年接替了主编工作）——明确表示，获得塞莱拉的文章比坚持长期以来建立的原则重要多了。肯尼迪在答复科学团体的意见时说，在塞莱拉网站上将数据公之于众，没有违背杂志在公共数据库存储数据的原则。同时，他指出《科学》杂志有过发表私人公司的文章，但不要求其完全公布数据的先例——但是值得一提的是，这其中没有一个基因组公司。序列数据的关键性在于它不仅是文章内容的最初来源，还是文章的真实内容。将所有基因组数据集中于一处是很有必要的，因为如果你要对基因组进行任何一种认真的分析——寻找基因、调控序列，或者是对任何一种长序列进行研究，你都需要立即得到所有的序列。塞莱拉坚持要将它的数据同公共数据分开，而其他人同样可以进行效仿，这样一来就会出现将基因组序列分裂开来，而违背其作为一种科研工具的性质。生物学家不得不对一个接一个的原始数据进行搜索，由于不能重新包装分发数据，他们很难将个人数据很好地与公共基因组数据库，以及相关数据如 Ensembl 进行整合，以便查询。

围绕塞莱拉的妥协的政治争论对于汇总我们的数据产生了负面的影响。这两篇文章的发表是基因组历史上的一个分水岭。6月26日是个伟大的日子，但是这个日子对后人却没有意义，因为除了提出所谓的新观点之外，它没有留下任何痕迹。从某种程度上来说，双方为了表明工作草图已经完成，而对他们的观点进行修饰的做法是不诚实的。但是发表的文章必须准确无误，他们不得不给出充分的事实来说明他们将很快完成测序。评审专家将对他们的数据进行仔细地盘查，澄清模糊的地方，加强或者去除不佳的地方。最重要的是，他们的工作将融入科学文献中，被后来的学者们一次又一次地查阅。

我们早在2000年就开始酝酿自己的文章，埃里克·兰德起草了初稿。初稿包括了这个项目所有相关的历史背景，这样任何一位非专业人士都能明白我们做了些什么。但是我们的文章同时也应该和全世界 20 个测序中心的工作保持一致：他们时时刻刻在对基因组数据库的所有数据进行着补充和完善，新的数据在 24 小时之内就会被注入数据库。于是我们必须选择一个基本的分隔点来冻结数据传输，以便实现我们的快速分析。我们本来是准备选择 6 月 26 日来宣告，但因为要发表文章，我们选择了稍后的时间，以便能得到一个更加完整的数据。这是一个极端的例子，但是事实上，科学领域中发表文章的时机是人为的的确是事实。许多科学研究工作都是循序渐进的，伴随着旧问题的解决又会出现新的问题，所谓科学突破时常是由人来确定的。但是明确记录下发展过程中的每个里程碑也是一件很有意义的事。

基因序列是储存于数据库中的。收集序列绝不是一件容易的事情，因为许多克隆在测序过程中存在缺口和错误，还有序列来源于 20 多种不同的资源，再有就是高比例的重复序列，这些都是令人困扰的问题。当吉姆·肯特（Jim Kent）还是加州大学圣克鲁兹分校的研究生时（这时他已经在计算机动画行业有些经验），曾花一个月的时间写出了大量的代码，搭建了叫作 Gig Assembler 的组装软件来解决这些问题。在距离 6 月 26 日序列草图公布的时间只有 4 天的时候，这种方法首次实验成功。尤恩·伯尼、蒂姆·哈伯德和他们的同事在辛克斯顿也在不断提高 Ensembl 的功能，使它能充分利用生物信息的工具来预测基因。生物信息的所有资源，连同圣路易斯的图谱在互联网上都是可以免费查到的，这些都需要在文章中体现。但是随着时间的推移，对文章的范围要求越来越广，相应地就会要求生物信息资源能尽可能多地包括对于基因组的详细分析。总之，我赞成尽快的、简要的介绍，但是我也明白还存在一个更全面的问题。我不知道弗朗西斯·柯林斯是否还在与克雷格就怎样处理文章发表的问题继续磋商，其中的一个问题大概涉及需要推迟发表，以便给我们留下更多的时间。

埃里克·兰德开始将国际上的生物信息人员会集起来，建立一个他所谓的核心分析小组。通过常规会议、电话会议和大量电子邮件相互协作，这个团体已经逐渐得到了大量能够解释序列的图形、表格和图表。

2000年9月，在靠近巴黎的埃弗里举行的第8次国际战略会议上，这篇文章是讨论的热点。它反映了人类基因组计划在作者和内容上的国际性。文章首页没有作者的名字，因为作者是国际人类基因组测序计划组织。20个中心榜上有名：包括美国的12个，欧洲的5个（英国和法国各1个，另外3个来自德国），日本的2个，中国的1个。另外，那些进行了小区域测序的中心的名字被罗列在致谢当中。我们也希望能继续同国际同行们共同探讨尚未确定的《科学》的立场和进行数据的公布。我们已经达成了广泛的共识：如果《科学》杂志违背已达成共识的数据公布策略，我们将把文章转投到《自然》杂志。会后，弗朗西斯·柯林斯召集了埃里克·兰德、鲍勃·沃特斯顿和我共同讨论了工作进展情况。我们达成共识，将共同监督文章的完成，其中埃里克擅长写作，负责最后的定稿和协调工作。

一个月后，我在费城加入了核心分析小组，这时他们正在整理结果。在这个基因组备受关注的年代，基因组蓝图的分析结果得以揭示是一件很令人兴奋的事情。就在那个星期六的下午，埃里克和弗朗西斯在美国人类遗传协会（American Society of Human Genetics）年会上发言，并且代表人类基因组计划接受了授予人类基因组测序的奖项。克雷格·文特尔分享了这一奖项。从会议回来之后，他俩感到垂头丧气，认为这样太不公平了！公共数据是对每个人都开放的，而塞莱拉的数据却并非如此。奖项的授予仅仅是依据塞莱拉强有力的声明。当我们在桑格中心听到这个消息之后不禁自问：过去会有这样的事情发生吗？难道一个权威的国际性团体能将荣誉给予没有文章、没有功绩可查的研究吗？对这样一个不争的事实是没有办法挽回的，工作和荣誉是两回事。更令人惊讶的是他们根本没有评判的标准和依据。以前科学靠新闻稿说明，现在荣誉也靠新闻稿说明。

两天前，简·罗杰斯在一次会议上见到弗朗西斯，问他这样的做法是不是有悖伦理。弗朗西斯回答："简，这里没有伦理。"

弗朗西斯·柯林斯、埃里克·兰德、鲍勃·沃特斯顿和我，四个文章的组织者共同反对《科学》杂志对塞莱拉数据公布的立场。整个桑格中心达成一致，如果塞莱拉的数据不能在公共数据库上得以共享，我们将马上转投《自然》杂志。但是美国方面却很谨

共同的生命线——
人类基因组计划的传奇故事

慎。虽然他们同样不赞成改变常规数据公布的立场，但是他们很难应付工业界的批评，在这样的政治压力下很难做出决断。他们认为只有在得知塞莱拉如何公布数据之后才能采取行动，这需要更多的时间来进行磋商。在他们看来细节很重要，相反我认为原则更重要。

时间飞逝——9月发出文章的目标成为泡影，直到11月底我们还不知道塞莱拉与《科学》杂志达成了什么样的协议。迈克尔·阿什伯纳，一位剑桥果蝇遗传学家，欧洲生物信息研究所的联席主任，一个无限制数据公开的坚定支持者，给《科学》杂志每一位海外编辑写了一封义愤填膺的信（要知道，在不久以前，他还是其中的一员）。在信上他表明：如果《科学》杂志依旧维持对塞莱拉的支持，他将不再翻看《科学》杂志的任何文章，也不再在《科学》上发表任何文章，并且他还会说服他的同行们一起反抗。信以电子邮件的方式迅速传开，尽管这一消息没有醒目地出现在媒体上，它却很快成了行业内议论的热门话题。

消息很快传开。最后有消息说，如果大家需要使用塞莱拉的数据必须签名，数据对于在校用户还有限制。对于不会再次分配数据的在校使用者来说，他们在塞莱拉网站上每周只能下载100万条数据。如果需要更多的数据，就必须通过部门负责人签字，担保他不会将数据再次分配。这种对于防止数据再分配的限制，实际上就是杜绝那些不能对其进行法律起诉的用户看到数据。商业团体必须要付费才能使用数据，并且同样也要接受不再分配数据的约定。与埃里克谈判的律师们发现许多公司不能签署这个协定，但是尽管这似乎有些让人难以接受，我们已经没有时间来进行修正了。在全体成员一致通过了决定之后的很短一段时间里，埃里克代表我们全体写信给《科学》杂志的编辑们，说我们已经将文章送往《自然》杂志发表了。这时已经是 12 月 7 日了。

同一天，我和达芙妮飞往纽约去看望我们的女儿英格里德和她的丈夫保罗·巴弗里德斯。英格里德在伯克利读博士期间，曾经作为志愿者在旧金山的探险博物馆（Exploratorium）工作，从那以后她对科学交流产生了极大的兴趣。她和保罗结婚之后到了纽约，英格里德找到了一份为纽约的科学馆（New York Hall of Science）筹备生物科学展览的工作，保罗则在哥伦比亚大学从事生物信息学。他们住在附近的大学公寓。那天晚上夜幕降临后，达芙妮、英格里德和我离开他们的公寓去购物，拐过教堂，沿街道向西走，穿过百老汇大街上的商店和熙熙攘攘的人群，来到河畔公园旁静静的林荫道上。接着朝南走，就能看到新泽西摇曳的灯光倒映在哈得孙河的黑暗中。蓝色的天空深沉黯淡，云在河水中映照出粉红色的身影。脚下干枯的叶子咯吱咯吱作响，一排在严冬失去眷顾的长椅迂回排列于大树下。

英格里德在孕育第一个孩子（也就是我们的第一个外孙），其间虽有些笨重，但仍很美丽。同妻子和女儿走在一起，我回想起把我们紧紧联系在一起的遗传纽带，想起一条穿越人性本身的生命线在我们这三代人之间传递着，想起我们共同经历的解开生命密码的快乐与忧伤。

回到公寓后，我打开电脑下载电子邮件。通过辛克斯顿的电话线下载的最后一条信息速度很慢。但是后来知道是由马克·盖耶在美国国家人类基因研究所发送给《自然》的卡里那·丹尼斯（Carina Dennis）的信，附件很大，题头上写着："卡里那：代表国际人类基因组测序联盟将附件中的手稿发给你，望考虑在《自然》发表。"我们的立场是自由交换信息并维护科学论文的严肃性。希望整个科学界都能知道《科学》杂志的做法对我们自己、我们的顾问，甚至是我们的大部分科学家来说，是多么难以置信。我们欢迎那些认为我们反应过激的人士的批评建议，但是面对他们我们充满信心，因为我们知道在大部分人的眼里，我们的做法是正确的。

后来，在寒冷的天气中我又外出，这一次是为了帮助保罗搬一个新买的沙发。我念叨着投稿的事情，强调着它的重要性。我制止了自己：为什么？为什么我要证明给保罗看这样做是对的？在和他一样的不相关的人看来，没有人知道我们的发现是怎么回事，甚至不会有人相信。我再次意识到公关的威力。就像那些能够雇用得起高级律师的、能够承担昂贵的公关费用的人总是得势，至少他们的影响超出了事实本身。塞莱拉强大的、源源不断的公关机器使媒体确信：我们的真相无关紧要；并通过它们传达到每一个人，包括许多科学家。一旦某个特定的观点为公众所认同，别人就很难改变它。唯一的办法就是在一开始就针锋相对。但我觉得这是一个令人十分沮丧的想法，难道单单靠诚实已不能够令人信服了吗？

在紧张的文章写作过程中，我辞去了桑格中心的主任职位。正如我所预期的那样，威康信托基金并不急于关注我在两年前递交的辞呈。但最终他们认同，在确定好人类基因组测序目标的同时，寻找一个有着不同目标和技能的主任似乎并不是一个不切实际的想法，因为这样可以促进桑格中心在功能基因组学（即通过基因组来了解生物）领域的发展。他们在美国得克萨斯找到了阿伦·布拉德利（Allan Bradley）。阿伦从前在剑桥就已经开始了在遗传学领域的研究，1987 年他来到了位于休斯敦的贝勒医学院。在那里他做了一些有关小鼠发育生物学方面的前沿研究，应用基因敲除技术探索这一过程的控制原理。在测序工作继续扩展到其他物种，包括小鼠、斑马鱼和很多病原体时，刚刚年过 40 岁的他已经可以看到光辉前景了。

阿伦计划在 2000 年 10 月上任。紧接着巴黎会议后的一个周六，鲍勃·沃特斯顿、里克·威尔逊、约翰·麦克弗森和我乘欧洲之星列车返回伦敦。鲍勃和我继续赶往斯泰普尔福德，并在那里得到了达芙妮的热情迎接。鲍勃似乎若有所思，不停地在一个黄色的大便笺本上涂写着什么。星期一我们来到了实验室，所有的一切都似乎有点儿不寻常。我知道应该有点儿离职告别之类的事，但没有人告诉我该如何去做，我想可能在临下班时有个告别酒会。我试图在下午召开几个小会，但大家总是找到各种借口来推辞。

在临近中午的时候，我被带往花园厅（现在的詹姆士·沃森厅），所有的高级职员在一起吃了一顿丰盛的午餐。

饭后，我们来到了礼堂，令我非常感动的是我所有关系密切的同事都在讲台上致了辞。第一个是鲍勃，这时我才知道他在那个黄色的大便笺本上写的是什么。令我惊讶的是他先说起了关于赛奥赛特的故事：我们如何站在火车站月台上意识到，我们所承担的任务是多么艰巨及我说的如何听到"牢狱之门"关上的时刻。虽然后来我们再未讨论过那次谈话，但是在我们两人的记忆里，这是我们的友谊及基因组故事的关键时刻。接下来还有一些重要人物发表了演说。酒会后，我又回到了礼堂，发现那里就要拉起幕布，准备上演一出童话剧。自从桑格中心成立以来，圣诞童话剧就成了一项固定节目。约翰·柯林斯和伊恩·邓纳姆是主要的剧作者。这一次，他们超越了自我，编写了名为"约翰王和神圣的基因组骑士"的剧本，讲述了在人类基因测序过程中的所有主要研究者的故事。开演后两分钟，我被拽到台上演我的角色，简·罗杰斯递给我提词卡。幕间听到一个类似唱诗班的神父的歌声"他是序列之王……"，还有"我想约翰应该离开，因为……"，这是一项最令人惊异的荣耀：桑格中心的真人童话剧。

我不想当主任的理由多种多样，但都不是因为我的同事。大家亲密无间，其乐融融。这里有一种强烈的团队精神。与此同时，所有的人都认真对待每一件事，并担负起每个人应承担的义务。如果任何人对此有何怀疑的话，10月底发生的事情就是明证：一场罕见的洪水淹没了英国许多地方，我们亦深受其害。我们已经设计好的实验室就建在剑河的冲积平原上，建筑师当时说道："不要担心，这里洪水百年难遇。"实验室竣工不过 4 年，在西厅的地下室里积了两尺深的水，就在这里，我们摆满了用来扩大人类基因组规模的测序仪。整个测序中心齐心协力，立即投入行动将所有的仪器搬到了更高的楼层。阿伦任职不到一个月，并且刚去休斯敦访问，回来后发现两天内测序工作就已经又开始顺利地进行了。这里没有慌乱，也没有争执，只有团队精神与无私奉献。

我会为辞职感到任何遗憾吗？当然起初我并没有离开，而只是转到一个较小的办公室——在论文成形之前，我会一直忙着人类基因组计划的事，况且线虫研究还有事没有做完。我仍然可以和大家聊天。我一直都是一个不情愿的主任。此前，为了一些关键问题，就想过辞职。对我来说，不再担任主任是一种解脱。人们总在问我下一步该怎么办，不过在我看来，我并没有轻松多少。

我们决定将文章转到《自然》杂志上发表，2001 年 2 月上旬是预计的出版日。尽管我们已经决定不在《科学》杂志上发表，两个杂志还是坚持了当初同时刊登塞莱拉和人类基因组计划的文章的协定。但是令我们非常气愤的是文章的出版日期推迟了三个星期。我们和《自然》杂志都做好了 2 月初发表的准备了，延期对我们来讲没有任何好处，而对于塞莱拉来讲，这样不仅提供了完善结果的时间，还带来了许多其他好处。《科学》杂志由美国科学促进会主管和主办，2 月 15—20 日是它举行大型年会的日子。

会议期间，有一个由克雷格和《科学》杂志共同组织的、关于基因组的、重要的周末研讨会，在会上弗朗西斯还要进行一次重要的发言。按照《自然》杂志对作者和科学媒体的有关禁令的惯例，我们的发现是不可以提前曝光的。但是塞莱拉要说些什么只有天知道，不论怎么说这只能是对他们的放纵。幸运的是，我们在美国科学促进会会议之前的一个星期内解决了关于《自然》和《科学》杂志协同发表的问题，并于 2 月 12 日举办新闻发布会，在媒体上公布我们的初步结果。

在准备新闻发布会期间，我们终于有机会看到塞莱拉的文章。除了他们的数据和组装结果，塞莱拉又将发表什么呢？早在 2000 年，当他们完成对基因组的 5 倍的覆盖（只是他们最初目标一半的工作量）之后，他们就宣布不再进行鸟枪法测序了，接下来的工作是使用公共数据资源来建立他们的数据系统。在文章中，他们已经得到了两套组装数据，他们声称其中一套是他们使用鸟枪法进行基因组全序列测序的结果。这套数据包括来自人类基因组计划的对基因组的 2.9 倍覆盖，数据在计算机中是以被塞莱拉专家称作"虚拟读长"（faux reads）的碎片方式存储的。他们宣称这些虚拟读长是对 2.9 倍基因组的随机覆盖。事实并不是这样：他们参照的人类基因组计划公布的数据并不是随机的，而是一套互为重叠的数据。尽管在使用组装软件处理数据之前，他们对其进行了打乱和重排，但数据中仍然还存在着那些将其按照正确顺序重新排列的关键序列，可将数据恢复到人类基因组计划原来的样子。

进一步，他们的"全基因组组装"采用了所谓的"外缺口步移"的过程，实际上就是用人类基因组计划的细菌人工染色体来填补缺口。一旦你知道怎样去查找这些信息，就会明白文章本身已经揭示了这个事实，但是从文章的介绍来看，给人的印象是塞莱拉的数据本身是用鸟枪法进行基因组序列测定的完美结果。

塞莱拉的第二套称作"分区组装"的数据是直接使用人类基因组计划图谱来进行排序的。这一次就不再存在含糊成分，因为分区组装依赖于公立计划的数据，文章作者亦承认了这一点。有趣的是他们使用的是分区组装，而非全基因组鸟枪法组装作为文章后半部分对基因组分析的基础。

另外，由于我们的数据已经公布于众，塞莱拉就很可能在他们的文章中将我们的数据同他们的进行对比。很显然，这对我们不利，因为我们只有在 2 月 12 日之后才会有机会将这两组数据进行对比。

埃里克·兰德、理查德·德宾和菲尔·格林在各自分析之后都得出了相似的结论。文章中并没有提供证据说明全基因组组装已做得很充分，而分区组装的结果与我们的相当。菲尔更具说服力：为了保持独立，他已经脱离我们的组织，当然在组装过程中我们使用了他的组装软件 phrap。菲尔是我们在《自然》上发表的文章的评委。尽管按照惯例评委是匿名的，但他刻意将名字签在了评估报告上。他最初的评估报告用了 14 页打印的写得密密的稿纸。为了答复他的评论，我们忙碌了整个圣诞节。他的评论都是善意的，他一一指出我们的粗心之处和哪些地方还需简洁一些。

尽管克雷格·文特尔贬低这不过是"看谁尿得远"，但我们详尽分析的重点并没有放在谁的群列比谁的群列长上面。相反，这是我们首次客观地讨论我们利用多种方法得到的结果，而不局限于发表的目的。文章中表明没有公立计划就不可能在2000年前有人类基因组草图的公布，甚至没有基因组的草图。更重要的是，这种基因组全序列测序的完成的确不是一件很容易的事情。

弗朗西斯·柯林斯在2月12日华盛顿举办的、和塞莱拉共同参加的新闻发布会上没有机会说明这些不合理的事实，但是埃里克·兰德早已经在他看到塞莱拉的文章之后对美国记者们进行了一次简短的评述。而且我也打算在《自然》杂志在伦敦威康信托基金总部举办的新闻发布会上，向英国媒体做出全面说明。由于我们认为塞莱拉的公关机器极有可能挑起事端转移注意力，为了安全起见，我和理查德·德宾在此前的星期三通告了伦敦的资深科学记者们。发布会上我先做了简要的介绍，然后理查德用投影仪演示装配方法并利用表格进行了比较说明。他阐明了我们的结论：基因组全序列鸟枪测序法并没有当初想象的那样好，塞莱拉使用我们的数据超出了它所承认的范围，从而导致了他们的结果有些方面比我们的好，而有些却逊色于我们。我们另外一个目的是表明，尽管塞莱拉的作者们都十分谨慎地避免称其数据为草图，但还是没有人会相信测序工作已经完成。

这件事一结束，所有的新闻记者都赶往法国里昂参加一个被称作"生物展望"的大型的生物技术会议。克雷格·文特尔将在会议上发言，并于星期五下午与记者们有一个见面会。罗宾·麦凯（Robin McKie）星期六早晨给我家打了电话，罗宾是星期日报纸《观察家报》的科学记者，他从未被邀请参加我们的"星期三通报"，也没有得到《自然》杂志于星期一禁刊的任何提前通报。《自然》杂志一般不把这类星期日报刊列入禁刊提前通报之列，因为它们由于对禁刊通知的置若罔闻早已臭名远扬。例如罗宾就在四年前抢先发表了有关克隆羊多莉的消息，而他为自己辩护说他是在其他资料上得到这个消息的，与《自然》杂志的禁刊规定无关。

这回幸亏是达芙妮接听的电话。我仍躺在床上，渴望着摆脱严重的感冒困扰，星期五我已经足足难受了一整天。她和罗宾聊了一会儿，回过头来对我说：他与克雷格谈过话，并且说得到公立方面的回答是非常重要的。达芙妮已经能够很熟练地处理好这样的情况，并且从罗宾那里收集到了克雷格做出的陈述。我没有给罗宾回电话，那样会违反禁刊令，但给威康信托基金的新闻发布官打了电话，并告之有事要发生。

那天晚上很晚的时候，我们得知罗宾和克雷格的访谈将会成为第二天《观察家报》的头版头条，并且已在网上公布出来。《科学》杂志声明禁刊令已被破坏，并随之发表了论文。《自然》别无选择只好效法。《自然》的生物学编辑理查德·加拉格尔（Richard Gallagher）对此异常恼怒。我们并不觉得这个事件事实上违反了禁刊令，访谈中唯一的实质性信息就是对人类基因总数的预测。

两个小组把人类基因总数定为 26 000~40 000 个，少于目前广为人知的人类 100 000 个基因的半数。随着研究的进一步深入，人类基因的预测数目在慢慢减少，但这不是一个崭新的观点，早在一年前，伊恩·邓纳姆的一篇关于第 22 号染色体的文章中就给出了类似的数字。

但是，克雷格在《观察家报》访谈中由此提出了一个虚假的观点：这么少的基因数目表明，环境在决定人类本质方面发挥了更大的作用。他说，假定有某些特殊的基因决定我们的一些行为特性，如寻求刺激、智力和运动能力，这样一来，我们的行为特征就不再具有现实性了。引用克雷格的话说："我们没有足够的基因来证明生物决定论者的正确性。"麦凯称这个发现是我们人类理解自身行为的一种崭新突破。这种夸张的说法毫无道理。事实上人类基因只有线虫或者果蝇基因数目的两倍，这是一种极其有趣的生物学现象，但对于人类行为是出于基因决定还是后天培养的争论毫无意义。我们已经知道一些基因，特别是调控基因，通过我们知之甚少的方式控制着人类的行为——这个主题下文还将提到。

当然，也有对《观察家报》行为的反责。罗宾说，他是在里昂私下里会见的克雷格·文特尔，而克雷格·文特尔知道《观察家报》不受禁刊令的约束。塞莱拉否认了这一点，但是考虑到塞莱拉对公众道德一贯的漠然视之，所以当克雷格与罗宾·麦凯谈话时没有意识到自己的所作所为看起来是不可能的。已有记者把埃里克的媒体通报制成录音带并送给了克雷格，这样塞莱拉就知道我们正准备批评鸟枪法基因组测序的结果。无论有意或是无意，《观察家报》转移了人们的注意力。我不得不花费那个星期天的大部分时间来接受访谈，当然还包括没完没了的关于基因和后天培养的问题。大约一两天后，我在哥伦比亚的波哥大的一家无线电台的现场节目中回答了同样的问题。

星期一的新闻发布会上发生了同样的事情。我们松了一口气，尽管许多媒体已经做过了报道，威康信托基金总部的报告厅还是座无虚席。我们真正要说的只有一件事，那就是要感谢人类基因组计划，因为它能够让所有人接触到人类的基因组，这其中也包括发展中国家的科学家们。这些资源是共享的。迈克·德克斯特在他的开场白中指出：发展中国家的科学家们对于相关数据资料的访问量达到了几个月前的 30 多万倍。我对塞莱拉如何利用我们的数据做了解释，进而强调正是因为有了这个公益性计划，才会有这些序列。同时，鲍勃·沃特斯顿和埃里克·兰德与克雷格在华盛顿分享同一讲坛的时候，也尽自己最大努力做出了同样的声明。埃里克感谢鲍勃所制备的基因组图谱，他自豪地说："当我说我们是多么伟大的时候，我相信代表了所有人的意见。"鲍勃声明所得的数据归全世界所有，他说，最重要的是，我们会不加限制地把这些数据让全世界的人们共享。得到的原始序列没有专利权，不需任何特许，也不需什么证明文件，所有这一切只需要你进行一下网络链接就可以了。

我不知道这些到底产生了什么样的影响。多数媒体提到我们的观点不过是多年来相互攻讦的延续，克雷格附和说我们的观点带有一种酸葡萄的味道，因为他抢了我们的风头。亦有例外，一位是《洛杉矶时报》（Los Angels Times）的阿伦·泽特那（Aaron Zitner），另一位是《新科学家》（New Scientist）的记者。没有人提到我们提出数据共享原则是出于道义的驱使，对我们来说这并不是二者取其一的事情。使基因组数据保持公开和免费的努力在2001年持续了整整一年。2000年10月由3家私营公司、6所国立卫生研究院的研究所及威康信托基金组成的联盟完成实验小鼠的基因组测序。一些基因组实验室已经把测定小鼠的基因序列作为公私联盟计划的一部分。小鼠基因组测序对于了解小鼠及解析人类基因组具有巨大帮助作用：如果发现小鼠和人之间具有同源序列，至少会提供有关自然界哺乳动物产生的一些线索。2001年5月，这个联盟已经按计划完成了3倍覆盖的数据，并且按照人类基因组的原则将其数据免费释放。

借助于免费获得公共人类基因组数据的优势，塞莱拉能够提前转入对小鼠基因组测序。2001年7月塞莱拉公司宣布它已经组装了5倍覆盖的小鼠基因组序列，比公立—私营联盟多出了两倍，同样这一次又是新闻发布，所以无从判断其数据的正确性。随后，一些实验室花钱订购了塞莱拉小鼠数据库的使用权，同时他们期待着联盟的免费的小鼠基因组的完成图。只要公立和私有的测序计划同时进行，私有数据库的内容总会多于公共数据，直到人和小鼠两类基因序列完成为止。同人类基因组一样，这种情形有可能带来垄断：克雷格·文特尔就提出要公立的小鼠基因组计划终止，就像他在人类基因组时那样，不过他还是以失败告终。除了新闻发布以外，没有文章可以说明塞莱拉是如何组装其小鼠序列的。同一个时期，鲍勃·沃特斯顿、埃里克·兰德和我写了一个分析简报，说明塞莱拉在多大程度上使用人类基因组计划的数据来完成它在《科学》发表的文章中的两套基因组组装。阿伦·克卢格作为独立的观察家将文章推荐到《美国科学院院报》（*PNAS*）发表，时间是 2002 年 3 月。

下一期杂志上发表了吉恩·迈尔斯、克雷格·文特尔及其同僚措辞激烈的辩驳，提出人类基因组计划数据对他们的组装过程影响甚微。他们对于我们文章的大部分分析没有异议，争论仅仅针对整个过程的开始步骤。由于塞莱拉组装软件的特殊性，在最初阶段它会从虚拟读长中部分消除公共数据带来的原始组装信息。但是，仍会有足够的信息遗留下来，提供短片段的连续性，毋庸置疑，它们在组装后期的外缺口步移和将组装的片段定位在基因组上起到重要作用，事实上这利用了人类基因组计划的信息。与塞莱拉的文章一起发表的还有一篇菲尔·格林的评论，他不仅同意我们的分析，而且进一步对全基因组鸟枪法测序的效率和速度提出了质疑。

问题就在于此。无人对全基因组鸟枪法短时间内产出大量数据有何疑问，此方法一直成功地应用于简单基因组。但是要得到完成的基因组还需设法填补所有的缺口，清除模糊部分，对于复杂的基因组如人类克隆图则需要最先进的技术。小鼠基因组测序联盟采用了复合的策略，结合了全基因组鸟枪法和以克隆为基础的测序方法。

受到塞莱拉公司的引导，许多评论员提出竞争加速了人类基因组计划的进程——有人甚至说提前了 10 年，这当然是错误的。我认为这对于 2003 年公布完成图影响甚微，尽管竞争的确导致了 2000 年阶段性草案的正式公布，以及一些非正式公布的未完成数据。

我能这样认为是事出有因的。1996 年桑格中心得到资助，要求在 2002 年以前完成 1/6 人类基因组的完成图工作。1998 年我们进展顺利，2001 年 5 月我们已经完成了 1/6，尽管其间受到草图事件的打断和相关公关活动的干扰。当我们某天谈论到此事的时候，我对埃里克·兰德说："我想过你一定不会无动于衷，对我们的工作袖手旁观。"当然，这也就是说所谓的人类基因组计划中的内部竞争，并不像听起来那样具有破坏性，相反，就像我和鲍勃·沃特斯顿在线虫上的竞争一样。所以，如果我们在桑格中心需要在 2001 年或者 2002 年前完成 1/6 测序，我确信鲍勃和埃里克也都同样在努力。这样一来，会存在更大压力，得到的资助也会多一点儿，我们的处境会和今天一样，甚至会由于减少了干扰因素而比现在更好。

但是谁又在乎呢？完全没有必要为所有这些忐忑不安。在整个过程里，我们在公关方面的糟糕表现也许根本就不算什么，关键是，像埃里克说的那样，"我们赢了"。我们得到了序列，并将其公之于众，不为任何个人或者公司所控制。而且我们会继续完善它，最终达到我们一开始就设定的高标准。

梅纳德·奥尔森和菲尔·格林早在 1998 年就反对这个草图策略，现在依然为此担心。在发表序列论文的同一期《自然》的另外一篇文章中，梅纳德提到，草图的公布会降低人们完成这个工作的积极性。他说："每一个新的新闻发布都会宣布人类基因组测序工作已经完成，这消息让那些每天上班，做着报纸上宣布已经完成了的工作的人们觉得很没劲。"实际上桑格中心的工作人员和他们的资助人威康信托基金一直在全力以赴。他们不需要人们告诉他们这项工作必须完成，不需要听到如果他们不做的话会如何危险。目标正在实现。那就是为什么我对不再担当主任而感到满意的原因。如果资金有任何不足，我仍会继续任职的。可能其他一些序列测定实验室会转向推动对其他物种的研究，而不再是努力完成人类序列，但其余中心在两年内完成是没有问题的。实际上就在我写作此书时，9/10 的基因组已经达到完成标准了，而且我和梅纳德·奥尔森一样都相信最后的完成工作是很重要的。如果我们想得到基因组所有的基因和从所谓的垃圾序列中发现其中潜藏的奥秘的话，还需要继续清除错误，填补缺口。

2003 年完成的序列会对所有人开放，它对于一个生物学家来说是不可或缺的参考书，犹如字典对于一个作家的意义。同时我们也会问，从这个草图中我们究竟学到了什么？

让我们重新回到基因数目问题上，我们认为人类基因组编码 3 万 ~4 万个基因，只有线虫和果蝇的两倍。宣称由于 3 万个基因太少而我们必须改变思维方式的论调，完全是基于这样的假设：编码我们所有的性状——从头发的颜色到你对足球疯狂的程度等，都会对应一个特有的基因。而《观察家报》文章的观点则认为 10 万个基因对于人而言是足够的，将此数目减到 1/3 就意味着后天培养对人类的自身发展起着更重要的作用。

一个性状一个基因的说法是错误的，暂且将这个放在一边不谈。首先要说的是，基因和后天培养的作用都是显而易见的。更加有说服力的是同卵双胞胎在诸多性状上的显著相关性，包括身体条件和行为特征，甚至当双胞胎被分别抚养时亦如此。但是双胞胎并非同一个个体，他们的成长过程不受控制，因此存在随机变化和环境的影响。结果是双胞胎会产生微小的身体差别，但是更重要的是，他们有各自的经历、各自的思想和见解。即使他们有共同的基因组，他们还是彼此独立的两个个体。

3 万个或是 10 万个基因是否会造成我们思想上的差别？对于这样的问题，我的答案是否定的。

首先，我们对基因真正的作用方式了解得还太少。通过基因组序列可以得到所有的基因，然而更加艰难的工作是搞清楚每一个基因都起什么作用。基因列表的真实性将会受到那些研究生物各个体系的科学家们的不断校正，它的作用只是帮助他们找到体系中的各个组分，仅此而已。长远来说，这种将机器按照机能分别拆开的方式，能够减少由于我们的无知造成的负面影响，使我们以一种全新的方式将注意力集中到直接研究遗传和环境的相互作用上。我们对机体或机器工作的内部机理了解得越透彻，越有助于我们解析外在因素所起的作用。这项工作将是一个漫长的过程。

从表面上看，复杂人类的基因数量只不过是小小线虫和苍蝇的两倍左右，这个事实很自然地让人以为基因没有多大意思，它对于决定人类的本质并没有重要的贡献。依照这个论断，人类如此复杂，只比苍蝇多出一倍基因是远远不够的。针对这种说法，我同样也听到一句话：人类，包括笔者在内，怎么会只比苍蝇多出一倍的基因呢？

在这个问题上人们经常遗忘了管理因素。从线虫或苍蝇到人增加的许多基因都为控制基因，而且它们的作用是分等级的。对等级分工的研究工作刚刚有些进展。原则上，按照这样的机制，每一种生物都能拥有大量的特定的组织类型，构建起一个复杂的机体结构。这个道理同一个机构的扩展是相似的：组建一个大型机构的关键因素就是引进复杂的管理章程和大量的管理人员，尽管这是我们所不愿意接受的事实。控制基因就是生物发展过程中的管理者，正是由于它们的作用，生物体才能利用那些功能相似的生命构件，来组建成为复杂多样的生物组织。许多控制基因是通过调节其他基因群的启动和关闭来发挥作用的，这样一个基因常常生成多个产物。一个基因可以转录出两个或者更多的不同

RNA 链，然后作为模板翻译为不同的蛋白质，另外酶还可以对新合成的蛋白质进行进一步的修饰：这些步骤都为调控提供了机会。

然而最显著的是基因在重组中的威力。考虑到一个基因有 A 和 B 两种变体存在，那么单一的基因会允许我们识别两种细胞型 A 和 B，加上另一个基因就有了 C 和 D 型。两个基因一起就让我们识别 4 种细胞型：AC、AD、BC、BD。三个基因就能有 8 种表现型，4 个则是 16 种，5 个则是 32 种，10 个则是 1 000 种，20 个基因不同的细胞型就会超过 100 万种。由此得出结论，如果按照等级遗传调控方式，只需要少量的基因，就能产生出巨大的复杂性。所以在线虫之外加上 15 000 个基因，对于人来讲就足够了。然而在实际中远没有这么简单，但是这样想问题能使我们不再为那些荒谬的限制性条件所困扰。

同时我们可能会想多出来的 15 000 个基因仍不足以解释人类遗传的复杂性。实际上，如果每个基因单单只控制一个可辨别的性状的话，确实太少了。但是我们很早就知道也有不少例外，尤其是许多我们所关心的人类特殊机能，例如智力、体力、容貌、智慧、音乐能力等，这很显然不像头发或者眼睛的颜色一样都能遗传，由此我们可以得出结论，这些性状根本不是可以遗传的。

让我们再重新考虑一下不同等位基因的不同重组方式所形成的巨大威力。每 33 个基因就会产生超过 80 亿种不同的表型，足以将我们每一个人做标记加以区分。300 个基因就能提供足够多的性状来区分现在活着的和将要来到这个世界上的每一个人，其数目足以与宇宙粒子的数目和自从时间开始之后的秒数相比较。而且这还只是建立在每个基因只有两种形式的保守估计上的理论，而实际上每个基因都有大量的等位基因。难怪同卵双生子是如此特别：除了将受精卵一分为二之外，几乎没有可能存在两套完全一致的人类基因组。

　　总之，总体调控和分级调控使我们了解到，如何使用相对较少数目的基因来实现人类生命的复杂性和多样性的机制。这些有力地促进了我们继续深入研究生命的具体运作机制，同时也在提醒我们不要仓促下结论。调节机制的复杂性加上个体经历的不同，要求我们认真对待每一个个体的唯一性和特殊性，而不能凭想象仅仅依靠统计学的方法预测每个人的生命进程。

　　基因是人类研究的起点，我们应该认识到，基因只能提供给我们潜在的能力，而这种能力不一定必然表现出来。许多人担心会因为基因差异而受到歧视，而且这的确也是一个值得严肃对待的问题。保险公司会使用投保人的遗传测试结果来决定是否与其签约，在不久的将来，在法律允许的范围内，保险公司和雇主都可能根据基因鉴定结果决定是否签约和雇用。但值得注意的是，在不知道一个人的真正表现之前，我们根本无法从基因型来预测他将来的健康情况和能力。这是一个关于基本人权的问题，至少是在原则上被广泛接受的权利，这就如同在西方社会对待性别歧视和种族歧视的情形一样。各种形式的基因差别也属于人权的基本内容，因为现在我们已经能够更加广泛地衡量人类的各种自身特性。尽管基因差异与身体和精神的关系具有统计学意义，但这些极有可能被用于实际预测，从而造成对某些人权利的损害。这也正是我们一定要反对的。

遗传学这个崭新的研究领域对于开展生物学和医学的研究作用很大。也正是这个原因使得完成测序有着至关重要的意义，有了它，我们就可以将其广泛地加以应用。同样对于科学家来讲，它也是一个能长久提供研究参考的伟大发现。但值得注意的是，我们在做结论的时候要谨慎行事。"基因密码能够治愈所有疾病"的大话，只能给那些年复一年受到诸如癌症、心脏病、阿尔茨海默病等疾病折磨的人们以幻觉。从某种程度上讲，我并不反对对基因的大事宣传，但这只是为了使公众在心理上重视基因这个话题，而值得深思的是由此又会产生例如基因歧视一类的广泛的负面争执。让我们全面、彻底地考虑一下吧，究竟若干年以后将会发生什么。

有关于基因的最直接的应用当数诊断了。一旦我们发现一个基因变异与某种疾病相关，对于检测受试者是否患病就变得易如反掌了。如今，许多疾病都可以进行遗传诊断，如纤维性囊肿病、肌营养不良病、某些类型的乳腺癌和亨廷顿舞蹈病等。而且我们还发现，因为一个单一的遗传缺陷而导致很高的发病率的现象相对来说是很罕见的。一个阳性实验结果导致病人很难选择：如果检验在胎儿出生以前，那么父母需要选择是否中止妊娠；一个遗传诊断为易患乳腺癌体质阳性的妇女，即使没有肿瘤，也需要考虑预防性手术。这样的抉择并不是很简单的，患者一般需要反复咨询才能做出最终的决定。

自从有了 SNP 数据库，我们就可以开始研究那些常见的、具有高统计学意义的遗传变异与常见疾病（如心脏病、哮喘病和糖尿病等）的关系。这实际上是一件很复杂的事情，因为单一基因的突变引起的表型变化程度一般不会让人察觉，从而就不可能及时将疾病诊断出来——事实上，疾病的发生一般都是由一群遗传变异导致的，这项工作也正是目前一个很活跃的研究领域。在广大的人群中要将 SNP 同疾病相联系，还需要进行大量的工作和调查，毫无疑问，这项工作会产生大量的遗传诊断和专利。人们一旦对一个基因申请专利，说明他们已经对某个基因的序列进行了全面了解，而且可以将它应用于遗传诊断当中，然而我认为，这并不完全是将基因进行专利注册的初衷所在。相反，如果我们为了维护遗传诊断的专利权而将目标锁定所有的基因，那我们就很可能会卷入很多的麻烦当中，而当我们真正需要这些基因进行疾病诊断的时候，又会花费很长的时间。

同样，有关变异的研究有利于药物治疗。长久以来，药物治疗中一个长期困扰医生们的难题是药物在一个病人身上效果良好，而对另外一个却没有作用。例如类固醇类药物对于哮喘病人就有类似现象发生。有了 SNP 之后，医生就可以根据 SNP 图谱的指导来开出因人而异的处方。接下来，制药公司就会根据不同的 SNP 图谱研发一系列个性化药物。这样做到底值不值得还有待于进一

共同的生命线——
人类基因组计划的传奇故事

步实践，现在我们正在期待搞清楚的是，对所有病人进行遗传诊断是不是要比在多种药物中进行筛选更有意义。

毋庸置疑，人类基因组会影响到人们的饮食和生活方式。毫不夸张地说，在奉行用户至上主义的西方社会这无疑是一个巨大的市场机遇。如果你是一位吸烟的中年男人，而且有些发胖，不需要遗传实验，你就会很清楚你正处于心脏病发作的边缘。但是如果遗传检测成为一种常规检测方法，我敢说不久市场上就会充斥着根据人们的不同基因型设计的食谱、营养配方和训练方案。我非常担心有一天人们甚至会根据自己的基因型来选择就餐的饭店。如果事情做得过头了，将会变得一团糟，但是应该承认遗传测试的结果也并不总是完全正确。

在未来10年，我认为最重要、最实际的问题，就是能找到那些很难治疗的疾病的药物靶体。例如，在桑格中心，迈克·斯特拉顿的癌症研究小组正在筛选肿瘤，观察它们与正常组织的不同之处。不难理解，在一般情况下杀死细胞比培养它要容易得多。遗传信息有助于找到癌细胞的靶体，以便药物能够找到它们并有选择地破坏癌细胞，而且这种方法带来的副作用更少，治疗效率也要比通常的化疗和放疗高。估计在将来的10~20年时间里，许多癌症都会找到比现在更加有效的治疗方法。

二三十年前人们开始谈及治疗遗传疾病的时候，一般指的就是基因治疗：使用一个正常的等位基因代替致病基因，或者是利用细胞转化来表达有用的产物，例如生长因子可以促进受损脑细胞再生。实验室研究已经为这个目标做了很多铺垫性的工作，但是有效的基因治疗方法要比预计的难以捉摸得多。治疗疾病成功率最高的是那些致病细胞更易于接近的情形，例如在治疗白血病或者免疫缺陷类疾病的时候，我们可以将血液或者骨髓细胞取出，对其中的细胞进行治疗，然后再将细胞恢复原位。2000 年，法国的医生就成功地使用此方法治疗了两个患有融合性免疫缺陷疾病的婴儿。治疗纤维性囊肿病的临床试验也进行了一段时间了，需要正常基因的细胞分布于肺膜上，理论上是可以使用喷雾吸入器作为导入治疗的手段。但是这类治疗方法并没有得到长足的发展，主要原因可能是因为发病的器官大多是如大脑和神经一类很难接近的组织。这样看来，要实现对基因的传递、释放、开启和关闭的控制比我们对系统本身进行研究难度要大得多。

但是仅仅因为基因治疗目前没有立见成效，就盲目地认为进行基因组的序列测定是在浪费时间的想法是完全错误的。只有在濒临绝望的病人面前，这样的夸张炒作才是可以理解的。而从长期来看，这只是一个暂时的挫折。我们不能偏激地认为基因治疗方法就一定比其他医学试验方法有效，就像器官移植一样。尽管在目前阶段基因治疗还存在很多问题，但它的前景是光明的。

拥有了关于基因组的知识，父母就可以通过改变基因，人为地赋予自己的孩子一些优秀的特点，例如智慧、美貌等，这就是所谓的"设计婴儿"。但是出于许多因素的限制，这样的想法是难以实现的。从理想宝宝特点的选择到宝宝的顺利出生，到得到一个健康的宝宝，甚至是到具备预计特点的成年人，是一个既漫长又充满不确定因素的复杂过程。而且我们都明白，一系列基因通过协同的方式行使功能，但是它们如何发挥作用我们知之甚少。所以，即使有人可以越过我们提及的这些技术障碍而改造胚胎，也很可能因为产生的后代不完全符合父母的愿望，或者也很可能因为产生的后代不正常而以失败告终（更不用说由此产生的大量诉讼）。如此看来，塑造一个崭新而独特的个体还是需要沿袭传统的方法，这样更现实一些。基因只是一个人的基础，每个人所处的环境和父母的后天教育同样对他起到很重要的作用。一般来说，如果父母对孩子有特别的期望，反而对孩子不利。然而，通过一两代人的努力，在掌握了更先进的知识后，父母会真正得到这样的选择，而且必须要做出抉择。

　　另一方面，遗传诊断也会产生反向选择。孕检中的遗传筛选已经进行了几年了，阳性的诊断结果就会提醒那些存在生出带有遗传病（如肌营养不良病）婴儿可能性的父母，尽早下决心终止妊娠。一些门诊部现在提供孕前诊断，筛选通过体内受精的早期胚胎，植入那些只有正常基因的个体。这个过程与介导一个健康基因到缺少它的胚胎的过程之间，存在着一个伦理方面的界限，而后者是英国法律所不允许的。在英国对胚胎细胞进行基因治疗是非法的，这种治疗方法产生的效应作用于本人，也会传到下一代。排除伦理角度的考虑，我们的无知所带来的后果将过于沉重。随着我们的了解逐渐深入，这个决定是否会被推翻还有待于民主的讨论。

这种考虑不仅仅局限于实践性，它还涉及一系列重要的伦理道德问题：如何区分未出生婴儿的权利和父母的权利；如何理解普通意义上的"正常"和"较好"。20世纪的上半叶，在欧洲和北美可怕的优生运动中，那些被裁决为有遗传缺陷的人被迫不能生育，或者在纳粹的魔爪下最终被扼杀。大多数人都会在这种事情上退缩，但是不要低估我们得到的新的力量——人类基因组，并且应该更负责任地加以应用。也许有人会认为我们毫无作为，任它自生自灭。当然，如果我们对"正常"的理解过于狭隘的话，就很容易对那些本应完全有能力生存的生命给予否定。但是反过来讲，儿女状告父母，认为父母本不该将他们带到世上受苦的案例也比比皆是。但是无可否认的是，无论我们的基因如何，我们的权利都是平等的。

基因组研究最重要的是它对于分子水平上的人体解剖学研究起着举足轻重的作用。然而，在这方面的研究我们只是刚刚起步，还没有搞清楚大多数基因的情况，也不知道它们在什么时候、什么位置进行表达。基因组本身并不能告诉我们什么，但是它却是人类从基础开始对人体结构进行整体细致研究的源泉和工具，人们可以一遍又一遍地回过头来对其进行再认识。下一步就是要完成对所有基因的发掘：解决基因组的编码问题，找到基因的位置，特别是找到调控信号的位置所在。由于编码序列在整个人类基因组中的比例只占2%，甚至还要少，对于人类基因组的研究工作，与那些编码基因密度很高的生物（例如线虫的编码基因密度约为 30%）相比要困难很多。所以相对于小鼠和斑马鱼这些已经被研究得较透彻的生物来讲，人类基因组的研究还处于初期阶段。尽管在进化过程中人类已经同其他脊椎门动物分开，但是那些经过自然选择之后对于人类繁殖发挥重要作用的编码控制区域，仍旧是十分保守的。所以比较基因组学是一种比较有效的基因定位方法，它可以帮助我们填补在基因自动预测中的漏洞和 cDNA 匹配中的缺陷。

一旦我们发现了基因，我们需要知道它们产生什么蛋白，了解它们表达的时间和位置。这些方面的所有研究领域都在飞速前进着。这些研究工作都是永无止境的：人类基因组似乎表现得十分变化不定，因为实验条件不同，每一次基因表达实验都会得出不同的结果。从原则上讲，你可以建立一个基因工厂，尽可能多地收集数据，但是更加有效的方法是人们根据兴趣和研究主题来研究特定的人体组织。

于是我们产生了更加新颖的想法，就是收集所有的蛋白质，寻找它们之间的关联，"蛋白质组学"已经成为科学实验室和私人公司的热点研究领域。我们可以把它比作巴别塔（通天塔），"你不可能明白它的全部内容"。因为人们都是在一个子系统中工作，但最终我们将逐渐把片段拼接在一起，使其成为整体从而彻底搞明白。理查德·道金斯（Richard Dawkins）的精辟说法"盲人钟表匠"（blind watchmaker）用在这里非常贴切：我们正在寻找杂乱地堆放在一起的各个小元件以使整体运转起来。巧妙的是，人类的许多机理同线虫和果蝇的是相同的。许多基础机理的研究，如通过细胞凋亡去除不需要细胞的细胞死亡途径，首先是在线虫中进行的。在人体中，也存在同样的基因来控制细胞的程序性死亡。

基因组中有些区域将能说明人类与其他物种的区别，到底是什么使我们成为人类。但是这个问题的解决远不是简单地搞明白人类与黑猩猩之间的一两个基因的差别就可以解决的。在我们真正明白人类是怎么回事之前，我们需要知道整个系统是如何运转的。

根据弗朗西斯·柯林斯的建议，我们的基因组草图的文章借用了沃森和克里克在 1953 年宣告的 DNA 双螺旋结构的保守陈述。我们写道："我们注意到，对于人类基因组了解得越多，就发现有更多的东西值得探索。"免费开放对基因组序列数据的使用权，我们相信探索将会永无止境。

第八章

共同的生命线

在 2001 年 6 月 9 日这个周末，华盛顿的史密森自然历史博物馆（Smithsonian Museum of Natural History）召开了遗传学联盟会议，把对遗传学有兴趣的人聚在一起，支持帮助有遗传缺陷的患者。当时弗朗西斯·柯林斯和我以关于人类基因组计划的介绍开始了会议。讲话结束的时候，弗朗西斯如往常一样拿起吉他，唱起一首献给人类基因组的歌。歌词是当天早上现编的，用的是一首名为《献给所有的好心人》的民歌的曲调。他唱道：

　　　　这是献给所有好心人的歌
　　　　我们庆祝所有好心人的基因组
　　　　这是献给所有好心人的歌
　　　　生命线将大家联系到一起

　　我很高兴他用了"生命线"，因为这恰巧与我们想用的主题相吻合。我和他交换了意见，想看看以前我们是否曾提到过它。结果没有，他也是偶然想到的，我想这一定是个难以解释的征兆。

这个计划中的其他人和弗朗西斯一样，现在正继续扮演着他们所习惯的角色。至于我，则如愿退出了舞台。但我发现自己并没有置身幕后，而是转到了另外一个舞台上应邀继续表演。媒体的报道和爵位的授予给了我一个小小的新舞台。诚然，爵位本身是一个莫大的荣誉，而由于我在测序的具体工作中贡献有限，我觉得自己受之有愧。踟蹰良久，我还是满怀感激地接受了，因为以桑格研究中心这个集体的成就而接受这个荣誉，当之无愧。如今，既然已经应邀站在这里，我该说点什么呢？正如汤姆·莱赫（Tom Leherer）的慧言：如果一个人不会交流，那他至少应该学会闭嘴。但科学是需要交流才能取得更大成就的，这一点人所共知。所以我责无旁贷，应该试试看我能否做点儿什么，而这一章正是我所做的努力之一。

人类基因组计划中的其他同人仍在孜孜以求，将人类及其他生物基因组的研究向前推进，同时向基因组注释和应用的不同方向发展。这些及其他公共数据库是人类基因组的保证。各大公共实验室继续展开新的合作，国际网络正在蓬勃发展。2001年，杨焕明在北京主持了一个基因组会议，许多国家或私营的基因组项目也正在进行之中。

与此同时，塞莱拉公司的那些创始人也成功地变得富有了。但是2002年1月，该公司的股票价格降到鼎盛时期的1/10。公司宣称克雷格·文特尔不再任公司的总裁，塞莱拉公司的母公司如今将未来发展方向由测序及数据库转向了药物研发，看来它已经放弃了要成为最初声称的基因组信息的"权威来源"的初衷，塞莱拉公司现在标榜自己是该类信息的"主要提供者"。但是，保持基因组数据无偿提供的奋斗会继续下去，我们所看到的小鼠基因组就是一个例子。实际上，我们永远都不会停止这方面的努力。

那么，把整个测序交给公司去做又有什么不对呢？原因就在于，这些数据是如此基础而重要，它必须为所有人无偿拥有，绝不能成为少数有钱人的特权。此外，正如我在应用生物系统公司软件发行之初所发现的那样，塞莱拉公司试图加强自己对数据的控制程度。在登录到塞莱拉公司数据库时，研究人员必须保证下载的数据仅供自己使用，不得将其再行传播。当然，这对保护公司的商业利益也是必要的，但这就意味着生物信息的正常交流将被禁止，而数据交流必须通过公司的数据库来完成，且仅限于已经注册的人员内部。有多少生物学家会真的以为这对他们的研究有好处呢？我想极少。这也正是全球共同测序工作会得到广泛支持的原因。然而，科学家们应该警惕无意之中使得大家滑向垄断的深渊。

与此相反，有几个例子倒是有意识地引向垄断的。有的科学家在文章里不加鉴别地提出与塞莱拉公司同样的宣言，声称自己的测序要比其他任何人的更快速、更经济。他们这样做，无疑是在给自己做广告。正如我们已经看到的，他们的论调并没有事实证明，整件事成了"皇帝的新衣"。只要资金提供者继续支持公立测序计划，这种论调就不会造成太大损害。

与许多关于人类基因组的其他出版物和宣传材料一样，这本书的面世为时过早。该项目尚未结束（尽管过程中风波迭起），现在就为之立传还有些冒昧。但序列草图已经发表了，2003 年以前的工作资金和专家人员都已经到位，因此现在开始也还不算太坏。

　　首先，序列草图和完成图在整个框架中占据怎样的地位呢？这是一个伟大的构想，或仅仅是一个小小的插曲呢？人类基因组测序本身并非什么伟大构想，却是分子生物学这个重大构想的一个里程碑。整个分子生物学就是要尽量详尽地了解生命的构成及其过程。事实上这意味着在原子水平上来预测各种改变会产生怎样的结果。

　　最初我们从有机化学入手，如今则正在继续了解无机物当初是怎样过渡到生命物质的。生命的分子曾一度被认为是非常特殊的，合成过程中需要一种"生命力"的参与。因此 1828 年弗里德里克·维勒（Friedrich Wöhler）从无机物合成为有机物尿素就成了一场思想革命的开端，它首次表明生命物质并不是一种神圣的东西。但此后的很长一段时间里，生命物质的精细构造仍然显得神秘可畏，因而也就给"生机论"受到尊崇留下了很大的空间。直到分子生物学（事实上是生命化学的代名词）在 20 世纪后半叶取得重大成就时，我们才开始将自己的身体视为一个精细的系统性机体。现在就推断我们的这种理解会日臻完美显然是不明智的，但就其实际应用来讲，我们已经达成了很多方面的共识。

　　当前知识阶段的一个有趣的特点是，我们意识到自己不一定能将我们的认识归纳成简洁优美的理论，就像达尔文对加拉帕戈斯群岛的鸣禽和家禽进行观察，然后得出进化论那样。但我们可以描述，也可以提出模型。基因组学的开端就得益于我们乐意迈出这一步，即承认要做出一个有效的模型，我们就得读取所有序列，找到所有基因。也许有人会说：有模型是否就等于我们理解了呢？有趣的是，即便在数学研究里也曾采取建立模型的方法来获取证明。四色地图就是一个例子。断言是，不管多么复杂的地图，都可以用四种颜色绘制出来，同时保证同种颜色的地区不会共边界。

该理论的部分证明需要计算机在一大堆可能的组合中进行搜索，而目前还没有任何完善的分析方法可以取代计算机来完成这部分证明。生物学家们也不必为用同样方法处理造物主的进化发明而感到不妥，我认为我们可以适当地将预言等同于理解，当然，正如数学家一样，生物学家们也必须用计算机来过滤筛选信息。

分子生物学的一个重大的发现是：DNA 是遗传物质，它编码所有生物的所有结构，而且我们可以将这些密码读取到计算机里。人类基因组计划的中心任务就是将这些密码尽量准确地读取出来。当然，我们也希望完全理解它，但那是需要所有生物学家为之努力的一个更为漫长的过程。

除了其能为未来奠定基础的重要性以外，我们能够读取自己基因组序列的能力也引出了一个哲学上的自相矛盾。有智慧的生命能够理解制造自身的指令吗？目前，我们对 DNA 密码的理解远

第八章　共同的生命线　　　　305

不够完备，所以还不必面对这个问题，但我们完全可以预见，在不久的将来我们将会面对这个问题。从长远的前景看，下一个重大的计划恐怕就是试图理解人的思维了，或者说，理解人类的大脑是怎样控制思维的。这时候，智慧生物真正的哲学矛盾就产生了。或许这就是有些人要说这个阶段永远不可能达到的原因。话说回来，正如没有人能完全理解一个庞大的飞行器或者复杂的计算机的所有工作原理一样，我们将通过建立模型，使用计算机，一次完成一部分来最终达到目标。我们对大脑的理解将伴随着模型的建立过程而加深，但那样一来，如果模型是正确的，它最终也是一个大脑。

并非每个人都能对这种揣测泰然处之。事实上，有一种广为流传的观点是科学已经走得太偏了，它已经超过人类理解力和控制力的正常范围。科学应该紧跟社会需要，决不能去探求一些会惹麻烦的发现，例如，上一章大略提到过的生育前选择所带来的尴尬处境，就被视为科学不必要地打开潘多拉的魔盒带来的恶果。

然而，我们无法做到两全其美。很显然，探索未知的欲望驱使着科学方法的发展，而它又有效地加深了人类对自然界的理解，在人类文化的发展中起到了很重要的作用，数个世纪以来对哲学有着根本意义上的贡献。在我思索人类现状的时候，对周围宇宙的认识对我就有着很深的影响。通过科学，人性逐步脱离无知。我们为什么存在？何为善恶？这样的伟大问题以更加明晰的方式被提出来。当然，问题的提出还是受到大知识背景的限制的，并置于更大的知识结构中。尽管我们目前尚未找到这些问题的最终答案，我并没有发现什么不满，事实上我们也许永远也不会。还有很多有待探索的未知领域，就目前来讲，我们已经发现的已经为我们提供了足够多的思考空间了。

20世纪科学和人文之间分离开来了，许多人不再将科学视为文化的一部分。我想，这种态度很大程度上源于科学越来越趋近于技术这种现实，甚至于在很多领域里科学的唯一目的就是技术发展，这也是科学资金来源的一个不可缺少的部分。结果科学家就被鼓励去开发有商业价值的科学发现，而不顾及其社会后果。更糟糕的是，这种发展和营利性的研发受到短期利益的驱使，使人们掉进陷阱。个人、公司乃至各国之间激烈地竞争，狂热地要争先到达下一个发展阶段的起点。

但是科学打开的并不是潘多拉的魔盒，而是一个百宝箱。人类可以选择是否要取出这些发现并加以利用，以及达到何种目的。把箱子关紧不是办法。别的不说，如果我们中的一些人没有光明正大地怀着善意去打开箱子，另一些人也会偷偷摸摸地打开它，甚至会怀着恶意那么干。里面的大多数财富既可以造福，也可以为害。但不看到它们，我们怎么能知道呢？所以永远不要在探索道路上退缩。探索是我们的快乐，也是人类的未来所在。当然，这也并非仅对科学家而言。毫无例外，我们都有好奇心，发现和领悟让我们激动，做出新的东西令我们狂喜。知识本身是好的，越多越好，但是知识的应用取决于我们的选择，而个人或集体要对自己的选择负责。我们的经济体制正在阻碍我们进行负责任的选择，因为它们使我们将发现等同于技术，而又误以为唯利是图地利用知识不可避免。解决问题并不容易，但首先我们得正视这个问题。

人类基因组测序的历史表明了将科学发现与技术区别开来的重要性，即科学研究与其商业应用的区别。人类基因组计划非常强调保持基因组序列的无偿使用，但是何以说这至关重要呢？为什么不让人拥有它？或者，至少在数据的传播方面加以限制，以使得那些提供基因组序列信息的人的利益在竞争中得到保护？不少评论者认为这项公共研究项目坚持避免这类情况，真是不合情理。这个问题不容忽视。因为在我们的社会里，信息正越来越多地用于创造财富，而基因组正是需要得到公正对待的信息的一例。

我的第一反应是，基因组序列是一项发现而不是一项发明，就像一座山，或是一条河。它存在于斯，是一种自然物，哪怕并不比人类早，但至少在我们认识到它之前就已经存在了。和很多人一样，我认为地球是一种公共财产，不能专属于任何人，尽管几乎所有的人都想要圈隔出一小片地为自己所用。我和达芙妮有半亩地，虽然我们很欢迎你来访，但我不希望你来毁掉我们的庄稼，或是捕捉树上停歇的鸟儿。实际上我们只是在这里休假。尽管我不希望这种情况出现，但如果民众决定要修一条路穿过我们的花园，这个院子就将被收走。大多数人都同意应该有大片不属于任何人的荒野，每个人都可以到达。这就暗含着一个前提，即我们不是随时都在到处跑。如果某一地区很重要，比如风光秀丽，或是某种珍稀物种的栖息地，那它就应当作为共同财富而受到保护。当然，我们也经常争论公共和私人用地之间的协调，以及这两者的用途。

人类基因组只是这类事情的一个极端的例子。我们每个人都有自己的一份独一无二的基因组。你不能说你拥有某个基因，因为我也可以说你拥有我的基因中的一个。你也不能说："那好吧，我们俩共享这个基因。"因为我们都需要自己的全部基因。专利当然不能够让你拥有任何一个基因，但它可以防止别人将你的基因用于商业用途。在我看来，你保护某个基因的行为应该被严格限制在你对它进行的应用研究上，也就是当涉及有你的发明时。我或者其他人也许想要进行其他应用领域的研究，所以也需要能得到这个基因的信息。我无法另外发明一个人类基因。因此，基因序列、基因功能及其他所有相关发现的完成应该先于竞争，而且不应拥有知识产权。毕竟专利体系的一部分意义就在于刺激竞争。任何想要制造出一个更好的捕鼠器的人，其发明就得围绕已有的相关发明专利来进行，不能围绕一个发现来进行。正如上章所述，对基因最有价值的应用也许离最初最简单的应用很远。因此，这不仅是原则问题，也有着相当重大的影响作用。

人类基因组科学公司随着基因组研究所一起于 1992 年成立，5 年后基因组研究所与公司脱离了关系。2000 年 3 月，该公司宣布已经获得一个命名为 CCR5 的基因的专利。该基因编码细胞表面的一个受体，当该公司申请此项专利的时候，他们还不知道该受体的功能。在专利审核期间，公共资金支持的国立卫生研究院的研究人员发现，该基因有缺陷的人可以抵抗引起艾滋病的 HIV 病毒的感染。换句话讲，CCR5 看来是病毒进入细胞的一个通道。人类基因组科学公司的工作人员一发现这个情况，就用实验来证明了 CCR5 基因的作用，并申请了专利，同时宣布对这个基因的任何用途享有专利权。该公司已经将许可权卖给几家医药公司，让它们在此基础上去开发药物和疫苗。但是谁真正做了发明工作呢？是随意而幸运地选择了表达序列标记的公司，还是公共资金所支持的从抗 HIV 的人群中发现该缺陷基因的研究人员呢？人类基因组科学公司的威廉姆·哈兹尔廷称：专利刺激了医药研究发展，CCR5 专利很可能有助于研发出新的抗 HIV 的药物或疫苗。但是对美国各实验室研究人员的调查显示，很多实验室都避免研究某些特定基因，因为担心必须支付大量费用给公司，否则就可能遭到起诉。后来美国基因专利申请政策有了新的修改，对基因的应用进行了更严谨的定义，要求基因的用途必须明确、具体、可靠，同时不允许申请一些不确定用途的专利，可是仍然允许某些基因序列的专利申请，例如用于探查某种已知疾病的基因序列。得到欧洲议会的许可，欧洲专利局 1998 年开始接受基因全序列或者部分序列的"物质组成"专利申请，前提是，必须是能在体外进行复制，例如将基因在细菌中复制测序。这种说法在我看来是很荒唐的。基因的精髓就在于其所携带的信息，即基因的序列。

将基因在其他生物中复制没有任何区别。就如同我把你的精装本书拿过来，出一本平装本，然后就以其包装不同而宣称这是我的书一样。

很可能由于生物专利领域的不成熟，现在专利授予还未能注意到发现和发明之间的区别。20 年前，几乎无人知晓生物专利，要找到一个基因就得投入很多资金。随着基因组研究的产业潜力逐渐为人们所认识，而且颇有言过其实的味道，找个基因也许就如同在计算机跟前待 5 分钟那么简单。目前超过 50 万个在人或其他生物上应用的基因在申请专利，其中有几千个已经得到了批准，但是基因专利的授予仍然相当复杂和混乱。美国专利商标局过去认为基因的发现可以得到专利，但后来改变了，以前他们甚至会给部分基因片断批准专利，即便其声明的功能只是"基因探针"！欧洲专利局的基因专利方面的工作更不确定，直到 1998 年欧盟颁布条例，明确允许对基因序列授予专利。然而，有几个欧盟成员国，尤其是法国，反对基因专利，并对欧盟颁布的条例提出质疑。与此同时，包括英国在内的欧盟的其他国家认为它们必须鼓励这类专利，从而确保它们的生物技术工业与美国相比有竞争力。

我早就意识到，要想利用道德甚至法律上的论点来找到公平的解决办法注定会失败。我发现，防止基因序列被私有利益瓜分的最好办法是用公共资金来测序，这样以专利局的行话来讲就是尽可能地将序列变成"先有技术"，从而使其他人无法申请它的专利。就原始序列而言，我想国际测序联盟已经做到了这一点。现在，通过人类基因组数据库及其他基因组浏览器，对外提供经过注释的序列，把基因功能的信息公之于众，这样我们就又将标准提高了一步。

但这个标准还是不够高。例如，要想得到专利，就必须证明基因的某项可靠用途，但人们普遍认为专利可以应用于这段序列的所有用途，而不仅限于专利中描述的用途。要确认这是否正确，恐怕得走法律程序。同时，这影响了人们对相关序列进行继续研究的积极性。但在我看来，专利法和未受约束的强大市场力量获得一个有利于科学研究的深入，以及为人类健康造福的决议不太可能。诚然，政府也许有可能会出面干预吧？我更乐于看到专利仅限于特定的测试和药物。但那太过于理想化了。而实际可行的是，授予基因专利的同时附加一个价格适中的强制许可。这样，公司就不能垄断基因组的一部分，从而收取过高的使用费了。

到一定时候，所有这些过度的活跃都会平息，但此刻还是充满了买彩票时每个人都渴望中奖的气氛。不仅对人类基因组如此，各公司还正在争取对自然物申请专利，包括那些在发展中国家已经用了成百上千年的天然产品。由此他们可以合法指控别人"生物侵权"。如西方许多公司已经获得印度楝树相关的100多项专利，而数百年来，印度人都将这种树的种子、枝条和叶子用于治病和农业生产。2000年5月，反对"生物侵权"的活动家们取得了很大的胜利，使欧洲专利局撤销了6年前颁发的一项专利。该专利授予美国农业部和经营农用化学品的 W.R. 格雷斯公司

共同的生命线——
人类基因组计划的传奇故事

（W.R.Grace），从楝树的种子中提取成分制成杀菌剂。专利局承认这种用途并非新创，也不包含什么发明，但这也不过是打赢了一场旷日持久的官司的结果。

诸多事件令人惊骇。人们因此提出在生物和非生物专利之间画出界线，这也是很容易理解的。尽管我也同意这些担忧，也理解迫切需要让生物具有商业价值之外的一种价值，可我还是认为这是行不通的。因为以前存在的生物与化学之间的鸿沟正逐渐被填平，所以这种界线不可能持久。然而，我们总不该给整个生物（如一只转基因鼠或者一株棉花）授予专利吧？的确如此，并不仅仅因为它们是一种生命形式，更重要的是我们只是改变了它们的一点点，使之成为一只易患癌症的老鼠，或者使其变成抗虫的玉米，我们并没有发明整个生物。很可能在某一时期，我们将会发明新生物，但那是将来的事。而目前，只能对这些改变授予专利，因为那才是具有发明意义的步骤。

或许你会认为这种观点对生物不够恭敬，但我想这类担心也仅是源于这样一种现象，即社会正日益加剧对任何东西进行金钱价值上的定位，并且认为只要有利可图，任何形式的开发利用都是合理的。这是另外一个大的议题，稍后还会谈到。

前面我曾略微提及保持序列信息无偿提供的第二个原因，那就是我们需要在研究中自由交换这种信息。将来生物学与生物信息学密切联系，生物信息学会收集各种生物学数据，试图解读数据整体，并且做出预测。这些都必然要求接触大量数据，由此补充和联系实验生物学家的工作。序列分析是生物信息学的基础，因为数据存储在计算机里，毫无疑问是需要分析的。计算机还可以分析蛋白质的三维结构，并且还面对着另外的挑战，即预测这些结构是怎样从氨基酸链中衍生出来的。在这里可以看到分子之间的相互作用，这决定了细胞和生物体的实际形态，或许，最难的莫过于了解其中的调控机制，而这方面的工作才刚刚起步。

总的来讲，我们可以说，生物学的最终目的是从基因角度来分析生物体，同时留意环境和发育过程中一些随机因素的作用。必须深入准确地理解整个过程，这样我们就可以根据序列预测整个生物形态，正如了解我们身体的运行机制一样。完成这项任务还是一个遥远的梦，但大部分会在未来几十年中得以实现，而这也是首先要获取序列的最重要的原因。

这项研究不仅是令人着迷的科学，也将在前进中推动医学发展。要将这项事业向前推进，其基本数据就必须像软件的源代码那样为所有人共用，人们可以改变它，然后将其传播开去。整个过程是非常复杂的，因此不能零敲碎打地做，并且始终由一家企业控制，每次只提供很有限的数据。尽管在 2000 年，我们发现无法通过"反版权"来执行数据的自由传播——因为数据不是我们的，无法对它制定规则，但我们坚持自己不搞什么协议，损害我们免费发布信息的权利。正因为如此，1999 年 12 月的会谈没有达成任何共识。

我期望这些公共数据会继续成为最终的数据源，因为人们在使用数据的同时，随着自由交流，这些数据也在不断得到丰富。唯一的危险在于，免费的数据会被有些人利用，然后据为己有。正如如果没有著作权法，你的书就变成了在我手上的平装本一样。这可能会使企图垄断的公司把公共数据添加到自己的数据库中，然后以自己的产品更好为由，宣称公共资金支持的测序分析毫无必要。因此我们大家，尤其是科学家们，应该搞清楚真实情况，不要被这些私营公司所标榜的效率更高所蒙蔽。因为仔细审查就知道，这不过是表面现象。要明白，公共资金支持的科学研究是最有效率的，因为竞争非常激烈，正如我们在人类基因组计划中看到的那样。桑格中心及其他大的基因组实验室的成功表明：规模不是问题。通常人们听到的"只有工业界才能对付大规模研究"的说法是错误的。

学术自由的另外一个潜在威胁是资金短缺的大学没有原则地向公司募集资金。诺丁汉大学从英美烟草公司（British American Tobacco）那里接受了将近400万英镑，用于建立一个社会职责国际研究中心。根据《英国医学杂志》（*British Medical Journal*）发表的民意测验表明，85%的受访者谴责这种行为。《英国医学杂志》的编辑理查德·史密斯（Richard Smith）为此辞去该校的医学新闻教授职位。但是所有的学校都因为某种必然需要而和公司签有协议，问题是这些赞助商对研究工作的控制程度有多大。协议通常保护研究者发表的权利。而一旦院系依靠某一经济来源来支付工资和研究费用，在协议延期的时候会怎样呢？照顾公司方面的需要的压力相当巨大。

我不想在这个问题上太过敏感。要管理好一个庞大的学校，就得从所有可能的来源中获取资金，而且要搞好平衡，才能保证自己的独立性。天文学创立者的资助人就曾以为他们是要为自己搞星相学研究。但是量力而行，避免贪婪，这样才能抑制住来自资助者的过重的研究压力。

这种开发利用的压力不仅来自公司，还来自政府及其他慈善机构，一方面它们迫切希望最大限度地使用有限的资金，另一方面又急于为此寻找冠冕堂皇的理由。例如在英国，从 20 世纪 90 年代中期以来，研究委员会就因为专门支持有利于财富增长和生活水平提高的项目而受到指责。

当今研究机构所面临的商业压力和竞争压力非常令人担忧。如果说研究机构不能独立行事，还有谁能够充当公平的研究者的角色呢？为了维持公平的体系，科学家们应该集体行动起来，不断重申开放的交流是必要的，而且对其研究的蓬勃发展不可或缺。

我是否过分强调了大多数科学家进行合作的必要性了呢？良好的科学状态好比是自由市场和自由职业。规章和计划是科学的一种诅咒，而无拘无束的自然状态才是其必然归宿。每个人都可以对任何事提出异议和挑战，而且任何时候你只能以自己过去 5 年内的成就为荣（但是在政治和商业领域，可信度同样相当有限，而我们的社会因短期行为而受到损害）。只要有资金，研究人员就像沙漠中的植物那样具有适应性，根须向四面八方延伸，一下雨就很快汲足水分，并且开花结果。此外，科学的起源并不仅存在于商业里，也存在于哲学中；从事研究的人不仅有工匠和企业家，也有知识分子。我必须提醒大家古希腊的教训。当时，思想完全被抬高得脱离了实践，结果研究者成了科学的奴隶，哲学和现实脱节，最后不得不臣服于实用主义的罗马人。

因此，我们并不提倡由委员会进行科研管理，那样做只能适得其反。我们只是讲科学伦理，必须承认：不断积累增长的知识本身具有公共性，应该为所有人无偿共享，而不应限定其用途。

这本书中所记述的事件仅是整个大场景中的一小部分。事情并非如我最初设想的，仅仅是人类基因组测序并无偿共享数据，这种想法太天真了。我曾经将人类基因组计划想成一个单纯无私的行为，未料到其他人却将其当成一块获取商业利益和政治权力的垫脚石。我被迫意识到，在我们这个社会中，如果你无偿贡献出可以用来赚钱的东西，那无非是自找麻烦。我开始看到一幕幕悲剧在上演，尽管我本人并不是悲剧中的一角，但我也被卷入自己狭小专业之外的领域的讨论中。

2000年"6月宣言"过后，当时乐施会（Oxfam）的主任戴维·布赖尔（David Bryer）写信问我是否对一个会议感兴趣，信中附上了一份给政府的关于全球化的最新报告。我当时惊呆了，因为内容和我的想法完全不谋而合。达芙妮和我都是乐施会的长期支持者。尽管我还不知道自己可以做点儿什么，但至少可以试一试。于是，在一个寒冷刺骨的大雾的早晨，我开车到牛津去。交谈后在午饭时间我做了一个讲座。出席的人很多，显然研究者们对人类基因组计划及其背后的故事表现出极大兴趣。我看到了一群聪慧的有思想的人。他们很清醒地意识到：仅仅掘几口自流井、提供些食物，而不同时想办法解决贫困的长期根源，是毫无益处的。他们的这种思想无情地指向世界贸易组织，以及该组织实际上正在加大世界贫富差距这个事实。而减小贫富差距的鸿沟无疑是我们继续在这个世界上生存的唯一明智的道路。

特别是他们正在努力阻止世贸组织，不让他们实施《与贸易有关的知识产权协议》中一项不人道的协议。这项协议允许在全球延长专利法的时限，在 20 年内对发明人在全球的权利进行全面保护。如果这项协议得以实施，势必立刻引起贫穷国家医药费用的大幅度攀升。因为目前他们依赖于印度、埃及、巴西及其他国家药厂的一般性药物（非品牌药物），而这些厂家必定会立刻受到该协议的影响，面对专利持有者的挑战。与目前主要的致命疾病如艾滋病和痢疾的斗争将会受到很大影响，其后果可能是毁灭性的。[①]

在这里要说的是与基因专利不同的话题。这些药物受到专利法的保护是合理的，至少在制药公司制造它们来达到特殊应用的方面。乐施会的指责是针对《与贸易相关的知识产权协议》过分仓促而迫切地实施对那些无法保护自己的人的不利的条例，正如

---

① 据报道，世界贸易组织于 2003 年 8 月 30 日达成协议，允许第三世界国家进口专利保护药物，而无须付出高额专利授权费用。——译者注

面对贫穷国家的债务问题时，富裕国家似乎应该停下来问问自己：这合乎道德吗？难道我们的法律的实施一定要不分青红皂白吗？现在世界局势本来就动荡不安，追讨债务只会使其更加不安定，这本身是否是正确的经济手段呢？

世贸组织反驳说，《与贸易相关的知识产权协议》本身列有防范措施，即在紧急医疗需要的情况下，国家之间可以做出特殊协调安排。但问题在于，正如打官司时司空见惯的那样，有钱请到出色律师的一方总是会占优势的。南非和巴西正在打与此相关的旷日持久的官司，同时如果它们胆敢在自己的案子上做得过火的话，就可能遭到贸易制裁的威胁。富有国家及跨国公司盛气凌人，毫无公正可言，目的是为了它们的一己私利，而绝非全球人民共同的利益。

我很高兴地参与了这场活动，因为这场全球运动与我们在基因组方面的努力遥相呼应。2001 年里，我们对这些问题进行了广泛的讨论。在南非，起诉医药公司的官司也获得了成功，但也只是初步解决。谋划《与贸易相关的知识产权协议》的利益集团仍然活跃着，并且正在重新集结力量。成功地保护专利就意味着获得财富。

现在很多大型跨国公司的力量比政府还要强大。在我们所到之处，它们的力量是显而易见的。而在富有国家的首都，它们的团体游说政府的活动表现尤为突出。或许在这个世界上，国家政府——不论它是否通过选举产生，都越来越无足轻重。或者说，政府对地区性事务还拥有权力，正像一些地区性调解委员会那样，只对当地的公司有约束力，此外就无能为力了。我希望事实并非如此，但是警告是明摆着的。

那么，到底有没有什么可以削弱公司的力量，并且对它们的野心加以民主的控制呢？一个可能的答案是像乐施会这样的非政府组织。最大型的这类组织也是国际性的。就像公司一样，这些组织也受到投资者的控制，与公司不同的是，其目的是伦理性的，而非营利性的。想到有朝一日，民主将以这种权力平衡的方式来实现，我就觉得很不舒服，但迹象表明事实就是如此。

常常有人说，科学机构既不重视各种发现的后果，也极不重视社会所关注的问题。科学家是否应当把自己视为全球性非政府组织的一分子，努力坚持一套大家共同认可的价值体系呢？我想过去是这样子的。在过去几百年中，尽管世界上战争时不时地爆发，但全世界的知识分子还是独立地存在并自由交流着。事实上，这种国际合作并没有消失，但当人们试图同时站在科学贡献和营利两个立场上时，这种国际合作就受到了威胁。二者之间无法两全其美，正因如此，我们有必要在它们之间划定一个清楚的界限。科学本身和社会一样，在商业需要决定了我们的研究的时候，都会变得越来越贫乏。

事实上，各公司没有必要依照伦理道德来行事，尽管如果愿意，它们完全可以那么做。但是没有任何社会约束力阻止它们，在法律许可的范围内它们尽可以去攫取财富。有时它们甚至超过

共同的生命线——
人类基因组计划的传奇故事

了法律的许可范围：只要违法所得的利益是可以预计的，并且超出可能遭受的罚款金额。类似地，在广告和新闻发布时，法律的约束力被降到最小，有时也超出约束条款。在我们这个看似非常重视公共关系的社会里，只要讲得圆滑，没有人会怀疑你的真实性，只要有名牌来遮掩漏洞，半真半假的东西比朴素无华的事实更易于被人们接受。

当然，在商品社会里，这是理所当然的。公司的任务就是利益最大化，它们常常通过用长远眼光看问题、精明地投资、善待工人等方式来做到，但所有这些都得由资产负债表上最终的结果来决定。如果公司不这么干，就可能被取代，或者被竞争对手收购。这也是资本主义的力量和局限所在。如果我们全都希望某公司提供一种公共福利，我们必须详细规定这种福利的分配方式，让公司制定规则是没有用的。

在西方社会里，人们正在经历一个日益尊崇私有化的时期，同时损害着公众利益。利己主义被认为是推进文明进程的最佳途径。而在全球化进程中，这种观念影响到全世界，使得这个世界更加不公平，也更加危险。因为，不仅公司如此，对国家来讲，当讨价还价的唯一准则是竞争到最大利益的时候，我们很难做出明智合理的决策。战争在最贫穷的国家之间进行着，而武器都买自最富有的国家（包括英国）；由于缺乏开发价值，我们正在无谓地浪费毁坏某些自然资源；由于最富有国家的经济利益可能受到一点点损害，我们没能就全球变暖问题达成共识；此外贫富国家之间医疗卫生水平的差距也越来越大。

正如本书所述，同样的贪欲几乎使人类基因组被私人占有，这可是我们大家的遗传密码啊！这样的贪欲仍保有其威胁力量，但人类基因组计划已经完成了第一个目标，得到了基因组草图并提供给所有人，这是一个辉煌的胜利！该计划正在向第二个目标迅速推进，即要得到准确的完成图。这个目标肯定能实现，并且现在已接近完成。

不管将会发生什么，希望没有人试图去改写历史。针对人类基因组进行的斗争是必要的，倘若这个公立计划没有坚定的立场，今天整个世界就会面目全非了。

和人类基因组有关的发现正在不断涌现，但这不是问题的关键，关键在于它已经被织进了生物学的经纬线里，就像此前的线虫和其他生物序列图一样，很快就不再是孤立的东西。本该如此。人们常常谈论后基因组时代。不对，这只是"后激情时代"。这些基因序列是自由开放的生物信息体系的关键因素，有了它们，知识才能得以快速增长，才能比其他任何形式都增长得更为迅猛！

人类基因组是我们不可割让的遗产，
它是我们全人类共同的生命线。

共同的生命线——
人类基因组计划的传奇故事

译后记

四海之内一线牵

中国有句俗话：四海之内皆兄弟。用今天的话来解说，也许可以是：全世界人民都是一家人。

联系全人类的是我们的基因组——我们细胞中的丝线——DNA。

DNA 双螺旋结构模型的提出，是人类自然科学史上的一个重要突破。DNA 结构给我们的启示是多方面的。首先，DNA 的双螺旋结构揭示了遗传物质的复制机制，而这一复制机制正是生命最重要的特点——连续性的分子基础。其次，DNA 的碱基序列，蕴藏着生命的所有信息，构成了生命的另一重要特点——多样性的分子基础。但约翰·苏尔斯顿进一步告诉我们：DNA 结构模型的精髓，不是双螺旋结构方式本身，而是揭示了生命的另一规律——生命是数字的（digital），而不是模拟的（analogue）。

正是这一理解形成了他对生命别具一格的精辟见地，奠定了他终生致力于基因组序列分析的科学理念。

约翰·苏尔斯顿对人类基因组计划的贡献不仅在于他所领导的桑格中心完成了人类基因组整个测序计划的三分之一，更在于他的人生理念：科学应该为人类造福。早在1995年，也许更早，他就率先宣布：人类基因组是全人类的共同财富。桑格中心不追求任何人类基因和基因组方面的专利，也反对所有垄断人类基因组信息的意图。出于这一理念，他极力支持中国作为发展中国家参与人类基因组计划，努力联合中国为保护人类基因组共同奋斗，并对中国的基因组科学给予了宝贵的、实质性的支持。作为一名科学家，约翰·苏尔斯顿的贡献是多方面的，从这本书中我们看到的，不仅是一个科学巨匠的人生历程，更是一位科学家对人生的理念、对社会的责任、对人类的祝福。

约翰·苏尔斯顿和乔治娜·费里的这本书将一段难忘的科学历程以通俗的、引人入胜的语言娓娓道来，使每一个读到它的人都能生动地感受到其中的凛凛浩然正气和跌宕起伏。从40年前的《双螺旋》到今天的《共同的生命线》，科学巨匠们为我们留下了宝贵的精神财富，愿我们以此为激励，创造一个科学的、文明的、和谐的、富足的人类社会。

我们在此对英国文化协会的杨镝女士对本书中文版出版工作的帮助表示感谢。人类基因组计划的完成充分体现了大家的参与精神，在此我们亦对参与部分翻译和校对工作的夏志、王晓玲、陈芳、陈未然、徐竞、陈苒、郭晓楠、孙建冬、赵辉、黄显刚、

共同的生命线——
人类基因组计划的传奇故事

罗琼、龚未、朱鸣雷、王凯、郤亚卿、万敏等表示感谢。

科学不只是人类对自然的探索，而是为全人类造福的动力。

让我们一起，使这一科学精神永存！

杨焕明